4·5·정의 수학 나라

방승희 지음

"뭐, 수학이 지겹다구? 난 재밌으셔!"

KB235857

동녘

책 머리에

"수가 아름답지 않다면 도대체 아름다운 것이 어떤 것인지 난 정말 모르겠소."

1996년에 세상을 떠난 천재 수학자 폴 에르디시가 즐겨 하던 말입니다. 실제로 수학의 역사를 빛낸 위대한 학자들은 하나같이 수의 매력에 홀려서 평생 동안 수학을 사랑한 사람들입니다.

여러분도 수학이 아름답다고 느끼나요? 아마도 아름답기는커녕 지겹고 골치 아파서 하루라도 빨리 벗어나고픈 과목일 겁니다. 왜 이런 차이가 생기는 걸까요? 그 사람들은 천재고 우리는 보통 사람이기 때문에? 아닙니다. 문제는 우리가 수학을 배우는 방법에 있습니다. 수많은 공식을 외고 문제의 유형을 파악하는 반복 훈련에 시달린 나머지 너무 일찍 수학에 질려 버리는 것이지요. 원리를 탐구하면서 수학의 재미와 매력을 느껴 볼 기회는 거의 갖기 어렵습니다.

수학을 이렇게 공부하기 때문에, 우리 나라 초등학생과 중학생들의 수학 실력은 국제 평가에서 1, 2등을 다툴 정도로 우수하지만 고등학교로 올라가면 사정이 달라지는 것이지요. 고등학생이 참가하는 '국제 수학 올림피아드'에서 한국은 대개 10위권 밖에 머무릅니다. 수학을 수학답게 배우지 못하기 때문에 문제 풀이를 넘어선 수준 높은 수학을 소화

할 수 있는 지적 능력과 창의성을 기르지 못한 탓입니다.

　오늘날 수학 교육이 나라의 장래를 좌우한다고 할 만큼 수학의 중요
성이 더욱 커지고 있습니다. 수학자 가우스가 수학을 '모든 학문의 여
왕'이라고 불렀듯이 수학은 자연 과학이나 공학은 물론 인문 사회 과학
의 토대가 됩니다. 더욱이 지식 정보화 사회가 펼쳐짐에 따라 수학은 금
융, 정보 통신, 국방 등 미치지 않는 분야가 없는 '모든 산업의 여왕'으
로도 떠올랐습니다. 컴퓨터, 로봇 공학, 레이더를 우습게 아는 비행기
'스텔스', 병원에서 볼 수 있는 CT(컴퓨터 단층 촬영), 가전 제품에 이
용되는 카오스 이론과 퍼지 이론, 새로운 금융 상품 등 우리의 생활을
바꾸는 첨단 기술은 모두 수학이 이루어 낸 성과입니다. 그래서 선진국
들은 수학을 21세기 국가 경쟁력의 핵심으로 보고 수학 연구와 교육에
지속적으로 투자하고 있고, 이렇게 육성된 수학자들은 대학 강단과 연
구실만이 아니라 금융 회사, 컴퓨터 회사, 통신 회사 등에서 최첨단 기
술을 개발하는 일에 몰두하고 있습니다.
　여러분은 혹시 정보 사회에서는 컴퓨터나 인터넷을 잘 다루는 것이
최고라고 생각하시나요? 하지만 그것만으로는 부족합니다. '어떻게' 가

아니라 '왜?'라고 사물의 본질을 따져 묻는 훈련이 되지 않은 사람에게 컴퓨터나 인터넷은 그저 편리한 도구에 지나지 않기 때문입니다. 그 도구를 가지고 새로운 것을 창조하는 힘은 수학을 비롯한 기초 학문을 통해 길러지는 것이며, 우리가 수학을 제대로 공부해야 하는 이유도 여기에 있습니다.

　이 책은 수학의 기초 원리를 익히는 데 가장 중요한 시기인 초등학교 5학년부터 중학교 2학년까지의 학생들에게 수학의 세계를 수학답게, 재미있게, 친절하게 소개해 주겠다는 생각을 가지고 만들었습니다. 교과 과정에 나오는 모든 영역을 빠짐없이 다루었고, 교과서에는 나오지 않아도 학생들이 주로 궁금해 하거나 원리를 찾아가는 데 필요한 내용을 함께 다루었습니다. 아무쪼록 이 책이 여러분이 수학을 좀더 친근하게 느끼는 데 작은 보탬이 되었으면 하고 바랍니다.

1999년 10월
글쓴이 방승희

차   례

1장 수의 아름다움

여러분은 수학을 좋아하시나요? 물론 수학에 취미가 있는 사람도 있겠지만, 대개는 아주 지겨워할 거예요. 그렇다면 먼저 숫자와 친해지도록 노력해 보세요. 숫자와 친해지면 점점 수학에 재미를 느낄 수 있을 거예요. 이 장은 숫자와 친해지려는 여러분을 위해 쓴 것입니다. 우리 숫자와 한번 사귀어 보자고요!

$\sum_{}^{n}$ 1. 숫자 이야기

■ 1

1은 '시작'을 의미하는 수이며, 크리스트교에서 '하나님'으로 부르는 것처럼 유일한 존재, 절대적인 권능과 영광을 가진 것을 나타내기도 합니다. 또 동양의 음양 사상에서는 2와 대비하여 빛, 신(神), 선(善), 하늘 등을 나타내지요.

　1은 홀수, 2는 짝수를 대표하는 수인데 우리 조상들은 짝수보다 홀수를 좋아했습니다. 그것은 음력 1월 1일, 5월 5일처럼 홀수가 겹치는 날을 명절로 삼은 것만 보아도 잘 알 수 있지요.

　그런데 1이 이렇게 좋은 쪽으로만 쓰인 것은 아니었습니다. 우리 속담 가운데 "하룻강아지 범 무서운 줄 모른다"는 말이 있습니다. 여기서 하룻강아지란 말은 세상에 막 태어나서 무지하고 보잘것없다는 뜻으로 쓰였지요. 다시 말해 1이 '작다'를 대표하는 수로 인식되었다는 것입니다.

　그러나 우리 조상들은 1을 '작다'는 의미보다는 '시작'을 나타내는 수로 훨씬 많이 썼답니다. 다음 속담들이 그 좋은 예지요.

"첫술에 배부르랴?", "천릿길도 한 걸음부터".

■2

동양의 음양 사상에서 1이 빛, 신, 선, 하늘을 의미한다면 2는 어둠, 땅, 악마, 악을 대표하는 수라고 할 수 있습니다. 다시 말해 낮과 밤, 빛과 어둠, 선과 악 등에서 앞의 단어들은 1로 나타내고 뒤의 단어들은 2로 나타낸 것이지요. 그리고 서양에서도 1월 1일은 신성시한 반면, 2월 2일은 지옥의 악마인 부르트에게 바치는 날이라고 생각했습니다.

이것만 보면 2가 굉장히 좋지 않은 수라고 생각할 수도 있지요. 그러나 컴퓨터와 전자 계산기의 언어는 2진법이고, 남자와 여자를 나타낼 수 있는 수도 2랍니다. 또 2의 사촌격인 12란 수는 동서양을 막론하고 신성시되어 왔습니다. 예를 들어 1년은 12달로 되어 있고, 시계도 12로 나누어져 있고, 불교에서는 12지상을 모시지요.

■3

3은 완벽과 조화를 대표하는 수입니다. 1과 2가 선과 악을 나타낸다면 3은 선과 악의 조화를 나타내지요(1+2=3). 그래서 3은 문헌에 자주 등장합니다. 크리스트교에서는 예수님이 태어날 때 동방 박사 3명으로부터 3개의 보물을 받았으며, 예수님은 33세에 죽었으나 3일 만에 부활했습니다. 또 예수님은 광야에서 악마에게 3번 시험을 당했으며, '성부ㆍ성자ㆍ성신' 이렇게 셋을 일컬어 '삼위 일체'라고 하여 섬깁니다.

동양 사상에서도 천(하늘)ㆍ지(땅)ㆍ인(사람) 3재를 중요시했고, 절의 법당에 가 보면 부처님을 세 분 모시고 있지요. 그리고 3ㆍ1 운동 때 33인이 독립 선언서에 서명한 것도 3이 완벽과 조화를 나타내는 수이기 때문입니다.

■4

우리 나라 건물에는 4층이 없는 경우가 많지요. 아니 4층이 없는 것이 아니라 4라는 숫자가 없는 건물이 많다고 해야 정확하겠죠. 우리 나라 사람들은 왜 이렇게 4라는 숫자를 싫어하는 것일까요? 그 이유는 숫자 4가 한자의 '죽을 사(死)'자와 발음이 같기 때문이랍니다. 그렇지만 네 잎클로버가 행운을 가져다준다는 것을 생각하면, 4라는 수를 꼭 미워할 것만은 아니라는 생각이 듭니다.

4는 동양인들에게 아주 중요한 수이기도 합니다. 우리는 전통적으로 사람이 태어난 연ㆍ월ㆍ일ㆍ시를 4주라고 하여 운세를 보는 기본으로 삼고 있으니까요. 또 방위를 표시하는 수도 4입니다. 다시 말해 동ㆍ서ㆍ남ㆍ북 이렇게 네 방향을 표시할 수 있는 것이지요. 우리가 "사방을 둘러본다"고 말할 때 '사방'이 바로 그것입니다. 뿐만 아니라 계절도 봄ㆍ여름ㆍ가을ㆍ겨울 4계절로 나누어지지요. 이처럼 4는 방향과 시간

을 나타내는 대표적인 수입니다.

또한 4는 삶과 창조를 의미하기도 하는데, 성서의 '창세기'에 보면 넷째 날에 물질 세상이 완전히 만들어졌다고 쓰여 있습니다. 크리스트교에서 4는 삶과 창조를 의미하는 수인 것이지요.

■5

반장 선거를 할 때 누가 몇 표를 얻었는지 표시하기 위해 흔히 '바를 정(正)' 자를 씁니다. 셈하기 편하도록 5개로 끊어서 표시해 두는 것이지요. 이렇게 5는 셈을 하는 데 기본이 되는 대표적인 수입니다. 그것은 사람의 손가락과 발가락이 5개로 되어 있기 때문이지요. 그래서 옛 사람들도 5라는 수를 단위를 표시하는 기준으로 삼았습니다. 로마 숫자가 대표적인 경우인데, 로마 표기법에서 5(Ⅴ)는 기준이 되는 수이지요.

$$\text{Ⅰ Ⅱ Ⅲ Ⅳ Ⅴ Ⅵ Ⅶ Ⅷ Ⅸ Ⅹ}$$
기준

동양에서 숫자 5는 철학적인 면을 가진답니다. 그것이 바로 오행설이지요. 오행설을 간단히 설명하면, 불(火)·물(水)·나무(木)·쇠(金)·흙(土) 이렇게 다섯 가지 기본이 되는 재료 또는 성질이 만물을 형성한다는 것입니다.

■6

성서에서 6은 타락·배반·죽음을 나타내며, 악마의 수로 일컬어집니다. 특히 사람들은 666이란 숫자를 싫어하는데, 성서의 「요한 계시록」을 보면 "지혜가 여기 있으니 총명 있는 자는 분명히 수를 세어 보아라. 그 수는 사람의 수니 666이다"라고 적혀 있습니다. 때문에 서양에서는 666이 악마를 나타내는 수로 통해 자동차 번호 끝자리가 666이면 번호를 반납하는 소동도 일어난다고 합니다.

그렇지만 콜롬비아의 인디언들에게 숫자 6은 우주관을 나타내며 개천설과 같은 의미를 지니고 있습니다. 이것은 6각형과 관련이 있는데, 그 사람들에게 6각형은 바로 우주를 나타내는 것이랍니다.

자연 속에서도 6각형은 만물의 근원이라고 할 수 있습니다. 눈의 결

정이나 수정의 결정이 6각형이고, 하물며 거북의 등에 새겨진 무늬도 6
각형입니다. 우리 나라에도 신라 시조인 박혁거세가 여섯 개의 알에서
탄생했다는 전설이 전해지고 있는데, 이것도 6이 개천설과 관련이 있기
때문입니다.

성서에서 6은 사탄·악마를 뜻하지만 다른 한쪽에서는 우주와 개천
을 의미하지요.

■7

서양에서 7은 '럭키 세븐', 즉 행운을 나타내는 대표적인 수입니다. 이
것은 무지개가 일곱 가지 빛깔이며, 북두칠성이 7개의 별로 이루어진
것과 관련이 있지요.

성경에 보면 하나님은 6일 동안 천지를 창조하고 7일째 되는 날은 안
식을 취했다고 적혀 있습니다.

동양에서도 7자는 중요한 수로 인식되었는데 견우와 직녀가 만나는
날도 7월 7일이고, 불교에서는 일곱 가지 보석을 7보라고 일컫고 있지
요.

또한 북두칠성을 하나의 신으로 여겼는데 민간 신앙에서는 칠성님,
불교에서는 칠성군으로 섬겨 왔답니다.

■8

8은 4와 밀접한 관계가 있습니다. 앞에서 4를 이야기할 때 사주를 예로
들었는데 이 사주의 각 시각에 두 글자의 기둥을 두어 '팔자'라고 이야
기합니다. "에구, 내 팔자야!"할 때의 팔자가 바로 그것이지요. 또 태극
기에는 4개의 괘가 그려져 있는데, 이것은 본래 여덟 개인 8괘 가운데서
대표가 되는 4개만 그린 것이지요. 뿐만 아니라 4는 동·서·남·북 사

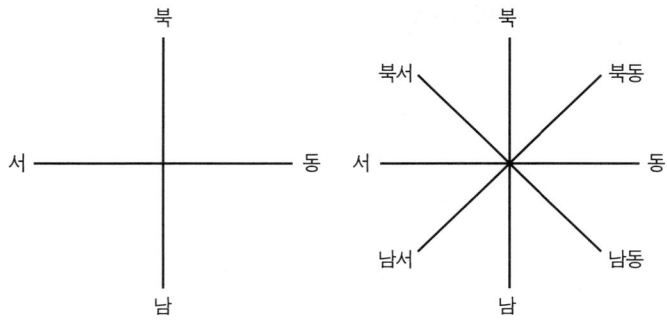

방을 가리키는데, 8은 위의 그림에서 보는 것처럼 방위를 더 세분할 수 있지요. 결론적으로 8은 4의 완성형인 셈입니다.

또한 성경에서 666이 악마의 수를 나타낸다면 888은 그와 반대로 부활을 상징하는 수로 인식하고 있답니다.

■9

'기러기 울어 예는 하늘 구만 리', '구사일생' 같은 말 속에 들어 있는 숫자 9는 많음과 완벽함을 대표하는 수입니다. 우리 민속 놀이 가운데 '아홉짐 져 나르기' 라는 것이 있는데, 이것은 모든 일을 할 때 아홉 번을 하는 놀이입니다. 이 말 속에 있는 9의 의미도 많음을 나타내는 것입니다. 또한 중국 사람들이 제일 좋아하는 수도 9인데, 그 이유는 9가 장수를 뜻하는 수이기 때문이랍니다. 1999년 9월 9일 9시 9분 9초에 제주도에서 중국 사람들이 합동 결혼식을 올렸다는 것은 여러분도 알고 있을 것입니다. 중국 사람들은 9가 가장 많이 들어가는 때를 택하여 결혼을 하면 가장 길하다고 생각한 것이지요.

그러나 남자 나이에 9, 19, 29, 39 …… 와 같이 9자가 들어 있으면 '아홉수가 들었다' 고 하여 꺼리기도 합니다.

2. 수의 아름다움

자세히 살펴보면 수에는 아름다운 질서가 숨어 있습니다. 아래에 소개한 수의 연산들은 그 아름다운 세계로 우리를 인도하는 열쇠가 될 것입니다.

①

$1 \times 8 + 1 = 9$

$12 \times 8 + 2 = 98$

$123 \times 8 + 3 = 987$

$1234 \times 8 + 4 = 9876$

$12345 \times 8 + 5 = 98765$

$123456 \times 8 + 6 = 987654$

$1234567 \times 8 + 7 = 9876543$

$12345678 \times 8 + 8 = 98765432$

$123456789 \times 8 + 9 = 987654321$

②

$1 \times 9 + 2 = 11$

$12 \times 9 + 3 = 111$

$123 \times 9 + 4 = 1111$

$1234 \times 9 + 5 = 11111$

$12345 \times 9 + 6 = 111111$

$123456 \times 9 + 7 = 1111111$

$1234567 \times 9 + 8 = 11111111$

$12345678 \times 9 + 9 = 111111111$

$123456789 \times 9 + 10 = 1111111111$

③

$1 \times 1 = 1$

$11 \times 11 = 121$

$111 \times 111 = 12321$

$1111 \times 1111 = 1234321$

$11111 \times 11111 = 123454321$

$111111 \times 111111 = 12345654321$

④

$9 \times 9 + 7 = 88$

$98 \times 9 + 6 = 888$

$987 \times 9 + 5 = 8888$

$9876 \times 9 + 4 = 88888$

$98765 \times 9 + 3 = 888888$

$987654 \times 9 + 2 = 8888888$

$9876543 \times 9 + 1 = 88888888$

$98765432 \times 9 + 0 = 888888888$

⑤

$1 \times 9 + 1 \times 2 = 11$

$12 \times 18 + 2 \times 3 = 222$

$123 \times 27 + 3 \times 4 = 3333$

$1234 \times 36 + 4 \times 5 = 44444$

$12345 \times 45 + 5 \times 6 = 555555$

$123456 \times 54 + 6 \times 7 = 6666666$

$1234567 \times 63 + 7 \times 8 = 77777777$

$12345678 \times 72 + 8 \times 9 = 888888888$

$123456789 \times 81 + 9 \times 10 = 9999999999$

⑥, ⑦, ⑧ ……

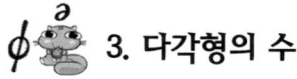 **3. 다각형의 수**

바둑돌로 삼각형을 한번 만들어 볼까요?

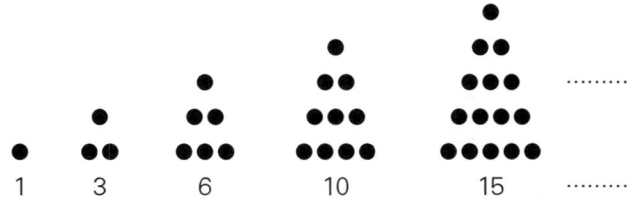

위의 그림에서 볼 수 있듯이 바둑돌로 삼각형을 만들 때 나타나는 숫자들을 살펴보면 1, 3, 6, 10, 15, 21 …… 의 배열을 하고 있습니다. 이 숫자들은 삼각형을 만들 때 나타나는 수라 하여 '삼각수' 라고 합니다.

삼각수 : 1, 3, 6, 10, 15, 21 ……

그러면 이 삼각수에 숨겨진 비밀을 알아볼까요? 위 숫자들을 가만히 살펴보면 어떤 규칙이 있다는 걸 발견할 수 있습니다. 바로 다음과 같이 자연수의 합으로 나타낼 수 있다는 것이지요.

(자연수의 합)	(삼각수)			
1	=1	●	………	1
1+2	=3	●●	………	2
1+2+3	=6	●●●	………	3
1+2+3+4	=10	●●●●	………	4
1+2+3+4+5	=15	●●●●●	………	5
………	………			

$$1 + 2 + 3 + 4 + 5 = 15$$

밑변이 바둑돌 8개로 되어 있는 삼각형을 만든다면 총 몇 개의 바둑돌이 필요할까요?

위 문제는 바둑돌을 직접 놓아 보지 않더라도 쉽게 풀 수 있습니다. 1부터 8까지 차례대로 더하기만 하면 되니까요.

정답 : 1+2+3+4+5+6+7+8 = 36

삼각수는 자연수의 합으로 나타난다고 했으니까 이 같은 방법을 동원하면 아무리 큰 삼각형이라도 그 수를 쉽게 찾을 수 있습니다. 이젠 위 삼각수들을 가지고 뒤에 있는 수에서 앞에 있는 수를 빼 보세요. 그러면 다음과 같이 나타납니다.

삼각수	1	3	6	10	15	21	……
뒤의 수에서 앞의 수를 뺀 수		2	3	4	5	6	……

이 숫자들은 1과 함께 자연수들의 집합입니다. 위에서 나온 숫자들을

가지고 다시 한 번 뒤의 수에서 앞에 있는 수를 빼 보세요. 자, 과연 이번엔 어떠한 숫자들이 나올까요?

삼각수   1   3   6   10   15   21   ······

뒤의 수에서 앞의 수를 뺀 수   2   3   4   5   6   ······

다시 뒤의 수에서 앞의 수를 뺀 수   1   1   1   1   ······

어때요? 1의 수가 계속 이어지고 있다는 걸 알 수 있지요?

이제는 사각수에 대해 알아보기로 해요. 먼저, 삼각수를 만들 때처럼 바둑돌로 사각형을 만들어 보세요. 그러면 다음과 같은 사각수가 나타납니다.

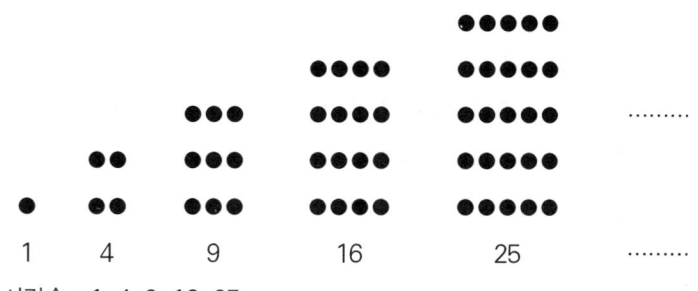

사각수 : 1, 4, 9, 16, 25 ······

이 사각수들을 가만히 살펴보면 홀수의 합으로 나타낼 수 있다는 것을 알 수 있습니다. 다음과 같이 말이죠.

(홀수의 합)	(사각수)
1	= 1
1+3	= 4
1+3+5	= 9
1+3+5+7	=16
1+3+5+7+9	=25
………	……

1+3+5+7+9 = 25

또 삼각수에서처럼 뒤에 있는 수에서 앞의 수를 빼 보세요.

사각수	1 4 9 16 25	……
뒤의 수에서 앞의 수를 뺀 수	3 5 7 9	……
다시 뒤의 수에서 앞의 수를 뺀 수	2 2 2	……

잘 보세요. 처음 빼기한 숫자들은 1을 포함하여 홀수의 집합이고 두 번째 빼기해서 나온 숫자들은 모두 2가 된다는 걸 알 수 있습니다. 그리고 사각수는 자연수의 거듭제곱으로 나타낼 수 있답니다.

사각수 : $1(1^2), 4(2^2), 9(3^2), 16(4^2), 25(5^2), 36(6^2)$ …

또한 삼각수의 이웃하는 두 수를 더하면 사각수를 만들 수가 있고요.

| 삼각수 : | 1 3 6 10 15 21 | …… |
| 사각수 : | 1 4 9 16 25 36 | …… |

오각수, 육각수도 위와 같은 방법으로 공부해 보세요. 그러면 삼각수
나 사각수에서처럼 어떤 일정한 법칙이 있다는 걸 알 수 있을 거예요.

Σₙ 4. 파스칼의 삼각형

```
            1
          1   1
        1   2   1
      1   3   3   1
    1   4   6   4   1
  1   5  10  10   5   1
1   6  15  20  15   6   1
1  7  21  35  35  21  7  1
```

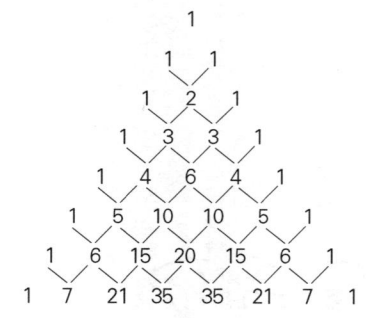

왼쪽의 숫자 삼각형을 잘 관찰해 보세요.

이 숫자 삼각형은 고대로부터 전해 내려오던 것을 프랑스의 수학자 파스칼(1623~1662)이 체계적으로 연구하였기 때문에 '파스칼의 삼각형'이라고 알려져 있습니다. 파스칼의 삼각형은 어떤 수이든 위의 두 수의 합으로 되어 있어요.

파스칼의 삼각형에는 많은 비밀이 숨어 있답니다. 그 가운데 몇 가지만 살펴보도록 할까요?

숫자 삼각형의 가장 왼쪽과 오른쪽에 있는 수들을 보면 항상 1로 되어 있다는 걸 알 수 있습니다. 그리고 어떤 일정한 규칙을 찾을 수가 있습니다. 빗금 방향의 수들을 한번 살펴보세요.

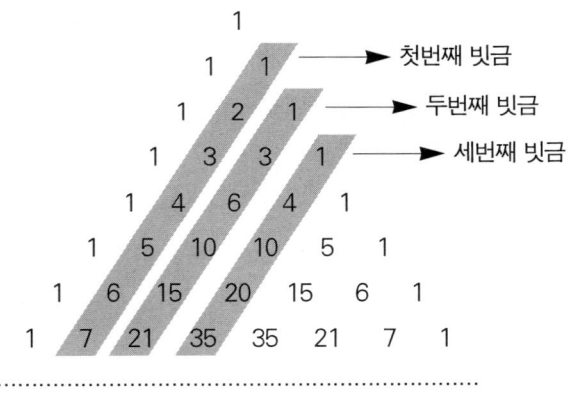

첫번째 빗금 방향의 수들은 1, 2, 3, 4, 5, 6, 7 …… 로 되어 있습니다. 이것은 자연수들을 나열해 놓은 것이지요.

그리고 두번째 빗금 방향의 수들은 1, 3, 6, 10, 15, 21 …… 로 되어 있습니다. 이 수들은 어떤 수일까요? 바로, 앞장에서 보았던 삼각수들입니다.

위의 삼각형에서 짝수만 가지고 색연필로 표시해 보면 다음 그림과 같은 모양이 됩니다.

2

4   6   4
10   10
6   20   6

8   28   56   70   56   28   8
36   84   126   126   84   36
10   120   210   252   210   120   10
330   462   462   330
12   66   220   792   924   792   220   66   12
78   286   1716   1716   286   78
364   3432   364

5의 배수를 색연필로 나타내 보면 또 다음과 같은 도형이 만들어집니다.

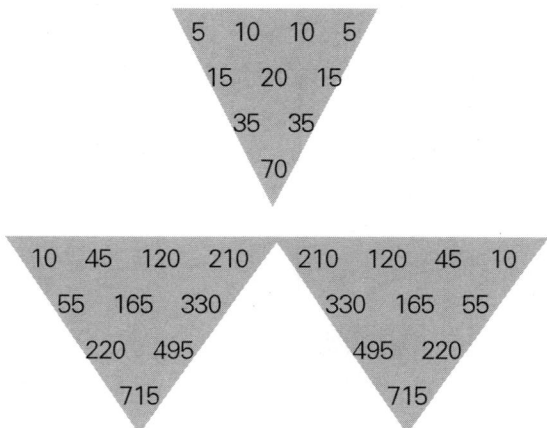

뿐만 아니라 피보나치 수열도 이 파스칼의 삼각형 안에서 찾을 수 있답니다.

이렇게 파스칼의 삼각형 안에는 많은 비밀들이 숨겨져 있어요. 여러분이 직접 그 비밀을 찾아본다면 더욱 재미있겠지요?

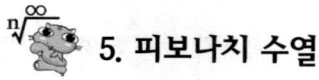 **5. 피보나치 수열**

아래 나열된 숫자들의 연관 관계를 관찰해 보세요.

1, 1, 2, 3, 5, 8, 13, 21, 34, 55, 89, 144 ……

이 숫자들은 어떤 일정한 규칙을 가지고 있습니다. 그게 뭘까요? 그것은 바로 어떠한 숫자도 앞의 두 수를 더하면 된다는 거예요. 정말 숫자의 세계는 신비롭지요?

피보나치 수열 → $1+1 = 2$

$1+2 = 3$

$2+3 = 5$ → 피보나치 수열

$3+5 = 8$

$5+8 = 13$

$8+13 = 21$

$13+21 = 34$

……………

피보나치 수열 $= 1, 1, 2, 3, 5, 8, 13, 21, 34$ ……

이렇게 수가 배열되어 있는 것을 피보나치 수열이라고 합니다. 이 규칙을 처음 발견한 이탈리아의 피보나치(1175~1250)의 이름을 따서 붙인 명칭입니다.

피보나치가 이 수열을 처음으로 도입한 것은 토끼가 새끼를 낳는 경우였습니다. 자식 토끼 한 쌍은 한 달이 지나면 어미 토끼가 됩니다. 그리고 두 달이 지나면 어미 토끼 한 쌍은 암수의 토끼 한 쌍을 낳습니다.

세 번째 달이 되면 어미 토끼 한 쌍은 다시 암수 토끼 한 쌍을 낳고 첫번째 낳은 자식 토끼 한 쌍은 새끼를 낳을 수 있을 정도의 어미 토끼가 되지요.

이런 식으로 계속 이어지다 보면 피보나치 수열을 이루게 됩니다.

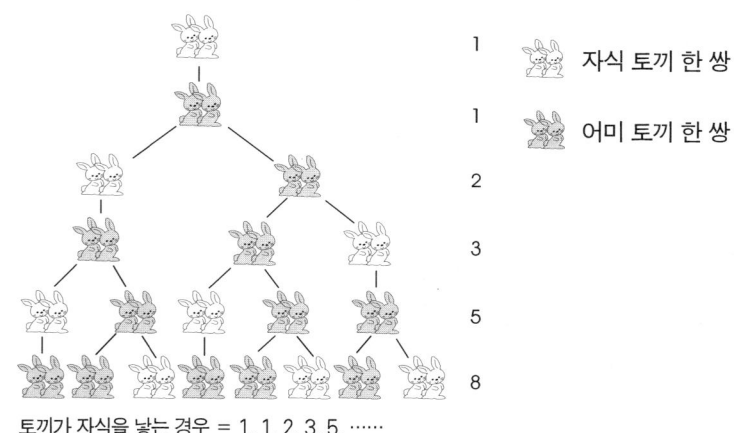

토끼가 자식을 낳는 경우 = 1, 1, 2, 3, 5, ⋯⋯

피보나치 수열에 숨어 있는 비밀 하나를 더 살펴볼까요?

피보나치 수열에서 뒤의 숫자를 앞의 숫자로 계속 나누어 가 보세요. 아래 그림처럼 말이죠.

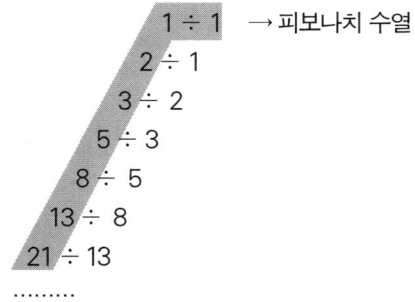

그러면 다음과 같은 계산이 나옵니다.

$1 \div 1 \ = 1$

$2 \div 1 \ = 2$

$3 \div 2 \ = 1.5$

$5 \div 3 \ = 1.666666 \cdots\cdots$

$8 \div 5 \ = 1.6$

$13 \div 8 \ = 1.625$

$21 \div 13 = 1.615384615 \cdots\cdots$

$34 \div 21 = 1.619047619 \cdots\cdots$

$55 \div 34 = 1.617647059 \cdots\cdots$

$89 \div 55 = 1.618181818 \cdots\cdots$

$\cdots\cdots\cdots\cdots\cdots\cdots\cdots\cdots\cdots\cdots$

위에서 계산된 수들을 잘 보세요. 수의 크기가 커졌다 작아졌다를 반복하고 있지요?

1, 2, 1.5, 1.666 ···, 1.6, 1.625, 1.615 ···, 1.619 ···, 1.617 ···, 1.618 ···

그런데 가만히 살펴보면 이 수들은 점점 1.618에 가까워진다는 사실을 발견할 수 있습니다. 1.618을 중심으로 커졌다 작아졌다를 반복하고 있다는 말이죠.

중심에 있는 1.618은 여러분이 뒤에서 배우게 될 '황금비'라는 것입니다. 황금비란 도형에서 가장 아름다운 조화를 나타내는 비를 말하죠. 또한 자연 속에서도 피보나치 수열을 많이 찾아볼 수 있답니다. (5장 3절 황금비 참고)

2장 수의 나라

이 장을 읽기 전에 여러분이 알아두어야 할 몇 가지 사항이 있습니다. 꼭 읽어 본 후에 진도를 나가도록 하세요.

1. 산수와 수학은 무엇이 다른가?

수학이란 수·양 및 도형 등에 관한 여러 가지 관계를 연구하는 학문입니다. 수학의 범위는 산수, 대수학, 기하학, 삼각법, 미·적분학 또한 이들을 응용한 해석학 등으로 크게 나눌 수 있지요. 그러니까 수학이라는 커다란 울타리 안에 산수라는 학문이 포함되어 있는 것입니다.

2. 산수와 대수(대수학)는 무엇이 다른가?

산수란 수로써 수의 성질이나 관계를 연구하는 수학입니다. 그리고 대수란 수 대신 문자를 기호로 써서 수의 성질과 관계를 연구하는 수학입니다.

　예를 들어 산수가 자연수, 정수, 소수, 분수 등의 성질과 이들의 관계(대표적으로 덧셈, 뺄셈, 곱셈, 나눗셈 같은 연산 관계. 2장의 20절 수의 체계 참고)를 연구하는 것이라면, 대수는 수 대신 x, y, a, b, $+$, $-$, $\times$, $\div$, $=$ 등의 기호를 이용하여 수의 성질이나 관계를 연구하는 학문입니다.(대표적으로 방정식. 2장의 10절 x 문자 참고)

$\sum_{n}$ 1. 수의 인식 1

4·5·정(사오정)은 자칭 수학 박사입니다. 왜냐고요? 다른 과목은 다 '가' 이지만 수학만은 그나마 '양' 이었거든요.

어느 날, 4·5·정이 집에 돌아와 보니 유치원생인 동생 4·6·정(사육정)이 공책에다가 | , || , ||| , |||| 표시를 해 두고 있었답니다. 의아해서 물어 보니 4·6·정은 자기가 가지고 있는 구슬의 수를 파악하기 위해 표시를 해 둔 것이라고 말했습니다.

구슬 한 개 | , 구슬 두 개 || , 구슬 세 개 ||| , 구슬 네 개 |||| , 구슬 다섯 개 ||||| …… 이런 식으로 나무 막대 표시를 해 둔 것이죠. 친구들끼리 구슬치기를 한 다음 구슬을 잃었는지 땄는지를 알아보기 위해서는 나무 막대 표시와 구슬의 수를 대응시켜 보면 알아보기 편하다나요?

어느 날은 |||||||||||||||||||||| 의 나무 막대 표시가 되어 있는 날도 있었습니다. 그러니까 4·6·정은 일일이 구슬 한 개씩과 나무 막대 표시를 대응시키느라고 애를 먹었던 거죠.

4·5·정은 동생이 정말 한심했습니다. 왜냐하면 숫자로 표기를 해 두

면 알아보기 쉬운데 그걸 모르니까요. 그러나 유치원생인 동생을 탓할 것도 못 되어서 4·5·정은 동생에게 수학을 가르치기로 마음먹었답니다.

수학 공부를 한참 동안 하고 있는데 갑자기 4·6·정이 4·5·정에게 물었습니다.

"형! 옛날 사람들도 나처럼 숫자라는 걸 몰랐을 텐데, 그때는 숫자를 어떻게 썼어?"

4·5·정이 그걸 알 턱이 있습니까? 하지만 동생에게 기죽기 싫은 4·5·정은 이렇게 대답했어요.

"아니, 내가 그 시대에 살아 봤어? 살아 봤냐고? 살아 보지도 못한 시대의 일을 내가 어떻게 아냐고요."

?➗➖➕ 해설 수의 인식

옛날 아주 오랜 옛날 사람들은 지금 우리가 쓰고 있는 1, 2, 3, 4 …… 라는 숫자를 사용하지 않았다고 합니다. 그러면 그때 그 시절 사람들은 수를 어떻게 셈하고 인식했을까요?

가장 쉬운 방법은 땅바닥 같은 곳에 4·6·정처럼 표시를 해 두는 것이었지요. 이것은 옛날 사람들이 즐겨 사용한 방법이었답니다.

또 돌멩이를 사용하는 방법도 있었습니다. 여러분들이 들으면 배를 잡고 웃을 일이지만, 장수가 부하들의 수를 파악할 때는 부하들 수만큼 돌멩이를 모아 두었다가 부하들이 모이면 한 사람에게 돌멩이 하나씩을 주어 돌멩이가 남으면 부하의 수가 모자란다고 생각했답니다.

또 어떤 방법이 있었을까요?

사람의 신체를 이용하기도 했습니다. 손가락 수가 10개, 발가락 수가 10개니까 손가락과 발가락을 이용하면 어느 정도의 수는 셈할 수 있었

겠지요. 그러나 위와 같은 방법은 굉장히 불편했어요. 왜냐하면 1, 2, 3, 4 …… 같은 단순한 수의 인식은 가능할지 몰라도 천, 만과같이 많은 수는 도저히 이해하기가 어려웠으니까요.

영국의 수학자 버트란트 러셀은 이런 말을 했습니다. "두 마리의 꿩과 이틀(2일)이 공통된 숫자 '2'라는 사실을 알 때까지는 긴 세월이 필요했을 것"이라고요.

2. 수의 인식 2

4·5·정, 저·8·계, 손·5·0, 이 세 사람이 수업을 마치고 집으로 돌아가던 중에 남아메리카의 가비족 마을에서 왔다는 원주민 부시맨을 만났습니다.

그런데 이 부시맨은 세 사람을 보고 "우와! 사람들이 많다"라고 말하는 것이 아니겠습니까.

어이가 없어진 4·5·정은 부시맨에게 다가가 이렇게 말했지요.

"아니, 우리 세 사람밖에 없는데 어떻게 사람들이 많아 보이는 거야. 너 시력이 얼마냐?"

"나 시력 좋아. 자 한번 세어 볼까. 하나, 둘, 많다. 봐 내 말이 맞지."

"너는 제대로 세지도 못하냐. 어떻게 하나, 둘, 많다야. 하나, 둘, 셋이지."

"셋! 그런 것 나는 몰라. 하나, 둘, 많다!"

그 때 4·5·정 친구 네 사람이 걸어오고 있었습니다. 4·5·정은 부시맨에게 다시 물어 보았습니다.

"그러면 저기 오는 사람들은 몇 명이냐?"

"하나, 둘, 많다, 많다."

"너네 동네에선 세 사람 이상이면 무조건 '많다'라고 그러니?"

부시맨은 고개를 갸우뚱거리며 이렇게 말했지요.

"아까부터 세 사람 세 사람하는데 셋이란 거 대체 뭐야? 나는 콜라병이나 주인한데 돌려주러 가야겠군."

부시맨은 유유히 돌아가 버렸습니다.

다음날 수업 시간에 이 이야기를 들은 3·10·법·4 선생님은 껄껄 웃으며 다음과 같이 설명해 주셨습니다.

옛날 사람들은 수를 인식하는 것이 아주 단순했다는군요. 지금도 남태평양제도, 오스트레일리아, 아프리카, 남아메리카 등지의 원주민들은 가비족처럼 아주 간단한 수만을 셀 수 있다고 합니다.

이 이야기를 들은 4·5·정은 생각했습니다.

'옛날 사람들이 아주 작은 수만을 인식하고 있었다면 나는 지금 천만억만의 수도 인식할 수 있으니 얼마나 똑똑한가. 우하하하! 역시 나는 수학의 왕이닷!'

?—(해설) 수의 인식 2

동물도 수를 셀 수 있을까요? 이 문제에 대해서 여러 가지 수학 서적에 많이 인용되는 이야기 하나를 들려 줄게요. 이 이야기는 단치히 씨의 『과학의 언어=수』속에 들어 있는 것입니다.

옛날 어느 시골 귀족의 감시탑 안에 새 한 마리가 둥지를 틀고 있었습

니다. 성주는 이 새를 잡기 위해 탑 안으로 들어갔지만 새가 알아차리고 훌쩍 날아가 버렸습니다.

그래서 성주는 꾀를 냈지요. 두 사람이 동시에 탑에 들어가고 한 사람만 나오는 것이었습니다. 그러면 새가 사람이 나온 줄 알고 탑 안으로 되돌아올 것이라 생각했지요. 그러나 새는 세 사람이 들어갔다가 두 사람이 나왔는데도 속지 않았습니다. 그런데 다섯 사람이 들어갔다가 네 사람이 나오자 도망갔던 새가 다시 탑으로 날아오는 것이었어요. 결국 새는 잡히고 말았죠. 그러니까 새는 5와 4를 구별하지 못했던 것입니다.

원숭이도(종류에 따라 다르지만) 3과 4까지는 구별하지만 4와 5는 구별하지 못한다고 합니다. 고릴라는 4와 5까지 구별할 수 있지만요.

그러나 이러한 동물들이 사람처럼 수를 셀 수 있는 것은 아닙니다. 눈에 보이는 단순한 현상만을 구별하는 것뿐이죠. 그것은 동물들 특유의 감각과 느낌이 있기 때문이랍니다.

3. 숫자의 표기

4·5·정네 집에서 큰 벽시계를 하나 새로 장만했습니다. 벽시계에는 Ⅰ, Ⅱ, Ⅲ, Ⅳ, Ⅴ …… 라는 표시가 되어 있었지요. 4·6·정이 4·5·정에게 물어 보았습니다.

"어라? 다른 시계에는 1, 2, 3 ……이라고 써 있는데 이 시계는 왜 이래, 형?"

그러자 4·5·정이 대답했습니다.

"이 시계는 멍텅·9·2(구리) 시계라 그래."

"이야, 우리 형 진짜 똑똑하다."

그 날 이후 4·6·정은 그 시계를 '멍텅·9·2 시계' 라고 불렀죠.

다음날 4·5·정이 등교해 보니 3·10·법·4 선생님이 심부름을 시킬 게 있으니 교무실로 오라는 것이었습니다. 아니, 그런데 이게 어찌된 일입니까? 교무실 벽에 걸려 있는 시계에도 Ⅰ, Ⅱ, Ⅲ …… 표시가 되어 있는 것이 아닙니까?

그렇다면, 이 시계도 멍텅·9·2시계!?

이럴 땐 3·10·법·4 선생님께 도움을 청해야겠지요.

"이것은 옛날 로마에서 사용했던 숫자 표기지. 아주 옛날 사람들은 1, 2, 3, 4 …… 라는 우리가 지금 쓰는 아라비아 숫자를 공통으로 사용하지 않고 자기 나라 특성에 맞는 독특한 표기법을 사용했단다."

집에 돌아와 보니 4·6·정이 어머니께 떼를 쓰고 있었습니다. 벽시계를 보고 저 시계는 멍텅·9·2 시계라고 우기고 있었던 것이죠. 누가 그런 소리를 하느냐고 어머니가 묻자 4·6·정은 4·5·정 형이 가르쳐 주었다고 이야기했습니다.

그 날 4·5·정의 저녁밥은 개떡 하나였다나요? 그러나 개떡 하나를 먹더라도 새로운 사실 하나를 터득했다는 것이 어디입니까? 배부른 돼지보다는 배고픈 소크라테스의 인생이 더 아름다우니까요.

?—해설 숫자의 표기

고대의 여러 나라가 사용했던 숫자는 다음과 같습니다.

■바빌로니아 숫자

역사상 처음으로 나타난 숫자라고 알려진 이 숫자는 보통 쐐기 문자라고 합니다. 이 문자가 쐐기 모양을 닮았기 때문이지요. 바빌로니아 사람들은 진흙으로 만든 판자 위에 이 같은 쐐기 문자를 새겨 놓았습니다.

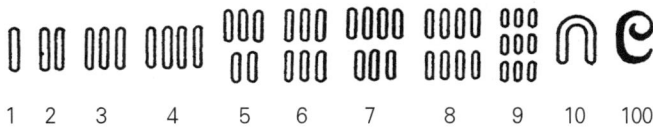

■이집트 숫자

이집트 숫자는 바빌로니아인처럼 진흙으로 만든 판자 위에 새겨 놓은 것이 아니라 파피루스라는 갈대로 만든 종이 위에 쓰여졌습니다. 이집트 숫자 표기법을 보면 참 재미있는 모양들을 발견할 수 있어요.

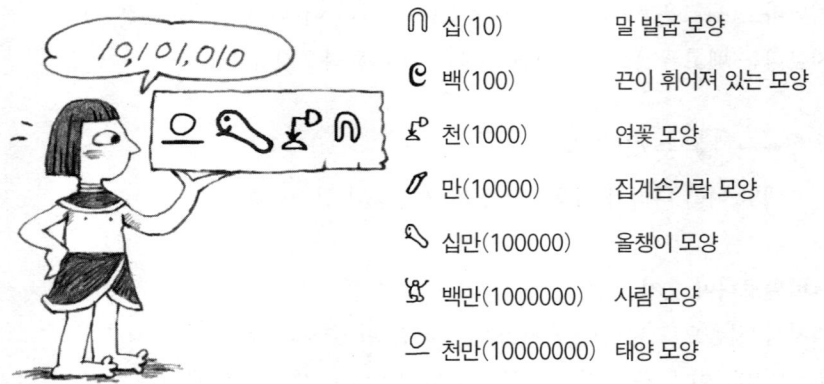

∩	십(10)	말 발굽 모양
ℓ	백(100)	끈이 휘어져 있는 모양
⚲	천(1000)	연꽃 모양
∅	만(10000)	집게손가락 모양
⚭	십만(100000)	올챙이 모양
⚱	백만(1000000)	사람 모양
○	천만(10000000)	태양 모양

 이집트에서는 수를 표기할 때 지금처럼 왼쪽부터 차례로 큰 자리의 수를 쓴다는 규칙이 없었지요. 다시 말해 12를 표시할 때 ∩‖ 로 표기해도 되고 ‖∩ 로 표기해도 상관이 없습니다.

■마야 숫자

기원전 3000년께 중앙 아메리카(지금의 과테말라 서부의 고지) 지역에서 마야 문명을 꽃피운 마야인들은 ・, ━의 기호로 숫자를 표시하였습니다. 마야 숫자는 20진법을 쓰고 있고 아래서부터 위로 표기한다는 것이 독특합니다.

예)

그러면 다음은 얼마의 수를 나타내는 것일까요?

$$\vdots$$

밑에서부터 첫째 자리는 20^0, 둘째 자리는 20^1, 셋째 자리는 20^2를 나타내므로 다음과 같이 계산하여 421이라고 생각하나요? 하지만, 그건 정답이 아니랍니다.

•	→	1×20^2
•	→	1×20^1
•	→	$\underline{1 \times 20^0}$
		421

마야 숫자의 밑에서 셋째 자리 수는 20^2이 아니라 18×20이니까요.

•	→	$1 \times (18 \times 20)$
•	→	1×20^1
•	→	$\underline{1 \times 20^0}$
		381

정답 : 381

마야력으로 1년은 360일(18×20)이었는데 여기에 의미를 두고 단위를 택한 것으로 짐작됩니다.

■ 로마 숫자

로마 숫자는 다른 나라의 숫자 표기법보다 과학적으로 되어 있습니다.

Ⅴ(5)를 기준으로 해서 Ⅵ(6)은 Ⅴ(5)＋Ⅰ(1)이 합쳐져 있고, Ⅳ(4)는 Ⅴ(5)－Ⅰ(1)로 되어 있습니다. 또한 Ⅹ(10)을 기준으로 하여 보면 Ⅸ(9)는 Ⅹ(10)－Ⅰ(1)이고, ⅩⅠ(11)은 Ⅹ(10)＋Ⅰ(1)로 되어 있습니다. 그리고 Ⅹ(10)의 허리 부분을 나누면 Ⅴ(5)가 되고, C(100)를 반으로 나누면 L(50)이 됩니다.

이것은 로마 숫자 안에 '덧셈(＋), 뺄셈(－)'의 법칙이 함께 있기 때문입니다.

Ⅰ	Ⅱ	Ⅲ	Ⅳ	Ⅴ	Ⅵ	Ⅶ	Ⅷ	Ⅸ	Ⅹ	C
1	2	3	4	5	6	7	8	9	10	100

Ⅴ(5)의 표시는 사람이 손가락으로 수를 셀 때 5를 세면 손이 다 펴지는데 이 모양을 본떠 나타낸 것입니다.

■ 그리스 숫자

그리스 숫자는 기원전 6세기께 아테네 부근에서부터 사용되기 시작하여 기원전 3세기께에 보편화되었다고 전해지고 있습니다.

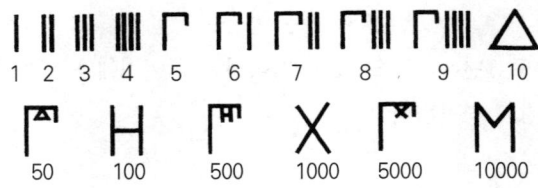

그리스 숫자는 지리적으로 이웃한 로마 숫자와 비슷한 점을 발견할
수 있는데 예를 들면 숫자 표시를 할 때 덧셈, 뺄셈의 원리가 적용되고
있다는 점[6(Π)은 5(Γ)+1(Ι)로 표기], 10진법을 사용하고 있지만
5를 기준으로 하고 있다는 점 등입니다.

 그리스 숫자를 자세히 살펴보면 50(Γ̅)은 5(Γ)와 10(△)를 합쳐 놓
았고(5×10), 500(Γ̅)은 5(Γ)와 100(Η), 5000(Γ̅)은 5(Γ)와
1000(X)을 합쳐 놓은 형태로 되어 있지요.

 그뿐 아니라, 그리스에서는 위의 기수법과 함께 아래와 같이 그리스
의 알파벳 문자를 숫자 대용으로 사용하기도 했습니다.

1	2	3	4	5	6	7	8	9
α,	β,	γ,	δ,	ε,	ς,	ζ,	η,	θ,

10	20	30	40	50	60	70	80	90
ι,	κ,	λ,	μ,	ν,	ξ,	o,	π,	$?$,

100	200	300	400	500	600	700	800	900
ρ,	σ,	τ,	υ,	ϕ,	χ,	ψ,	ω,	$\mathcal{D}$,

1000	2000	3000	4000	5000
$,\alpha$,	$,\beta$,	$,\gamma$,	$,\delta$,	$,\varepsilon$, … …

10000	20000	30000
$\overset{\alpha}{M}$,	$\overset{\beta}{M}$,	$\overset{\gamma}{M}$, … …

대문자	소문자	읽는 방법	대문자	소문자	읽는 방법	대문자	소문자	읽는 방법
A	α	알파	I	ι	요타	P	ρ	로
B	β	베타	K	κ	카파	Σ	σ	시그마
Γ	γ	감마	Λ	λ	람다	T	τ	타우
Δ	δ	델타	M	μ	뮤	Υ	υ	입실론
E	ε	엡실론	N	ν	뉴	Φ	ϕ, φ	파이
Z	ζ	지타	Ξ	ξ	크사이	X	χ	카이
H	η	이타	O	o	오미크론	Ψ	φ	프사이
Θ	θ, ϑ	시타	Π	π	파이	Ω	ω	오메가

$\sum_{}^{n}$ 🐹 **4. 아라비아 숫자**

원래 0, 1, 2, 3, 4 ……라는 아라비아 숫자는 인도에서 만들어졌다고 합니다. 선생님의 이러한 말씀을 들은 4·5·정은 생각했습니다. '어라? 그럼 왜 인도 숫자라고 하지 않고 아라비아 숫자라고 하지?'

그래서 호기심 많은 우리의 4·5·정은 타임 머신을 타고 그때 그 시절, 아라비아로 날아갔습니다.

아라비아 상인들은 인도 사람들이 가르쳐 준 0, 1, 2, 3, 4 …… 라는 숫자로 아주 간편하고 쉽게 셈을 하고 있었습니다. 4·5·정은 그들에게 다가가 "이 숫자는 원래 인도에서 만들어진 '인도 숫자' 예요"라고 이야기했습니다. 이 이야기를 들은 아라비아 상인들은 이렇게 대답했습니다.

"누가 물어 봤어, 물어 봤냐고?"

이때 바다를 건너온 유럽 사람들이 아라비아 상인들에게로 와 물건 하나를 샀습니다. 아라비아 상인들은 0, 1, 2, 3 …… 이라는 숫자를 사용해 자연스럽게 계산을 하고 있었겠지요.

이 광경을 본 유럽 사람들은 신기한 숫자 표기에 관심을 가지고 이것 저것 물어 보면서 자기 나라에 가서 이 간편한 숫자 표기를 모든 사람들에게 알려야겠다고 이야기하는 것 같았습니다.(4·5·정의 느낌으로)

4·5·정은 유럽 사람들에게 다가가 말했습니다.

"헤, 헬로! 에, 이 0, 1, 2, 3 …… 이라는 숫자는 원래 인도에서 만들어졌기 때문에 인도 숫자라고 해야 맞는 말이에요. 아라비아 숫자라고 이야기하는 것은 옳지 않다구요. You know?"

유럽 사람들은 어리둥절해서 이렇게 물었습니다.

"I don't know. Do you speak English?"

오 마이 갓, 4·5·정은 난감했습니다. 영어로 대답을 할 수가 없었거든요. 결국 그들은 배를 타고 자기 나라로 유유히 돌아가 버렸습니다.

4·5·정이 영어만 할 줄 알았다면 지금 쓰고 있는 숫자는 '아라비아 숫자'가 아니라 '인도 숫자'라고 알려졌겠지요.

?➗➕ 해설 아라비아 숫자

0, 1, 2, 3, 4, 5, 6, 7, 8, 9는 5~6세기께 인도에서 발명된 것입니다. 이 숫자는 곧 아라비아로 전해졌고 그 뒤 유럽으로 건너갔으며, 유럽 사람들은 이 숫자를 아라비아 상인들이 전해 주었다고 하여 '아라비아 숫자'라고 불렀습니다. 이것은 당시에 인도보다는 아라비아에서 더 많은 무역이 이루어지고 있었기 때문이죠.

이 숫자가 세계에 널리 퍼진 이유는 아무리 큰 수와 작은 수라도 쉽게 나타낼 수 있다는 장점 때문입니다. 그리고 유럽 사람들이 가지고 있지

못했던 0을 나타낼 수 있었기 때문이죠. 그런데 이렇게 편리한 아라비아 숫자도 환영받지 못했던 때가 있었다면 믿으시겠어요?

그 당시 유럽에서는 로마 숫자를 쓰고 있었는데, 로마 숫자로는 큰 수를 나타내기가 매우 힘들었습니다. 그래서 큰 수를 계산하는 사람에게 특권이 주어졌고, 귀족들에겐 자신들이 서민과 다르다는 것을 과시하는 하나의 표시가 되기도 했지요. 또 아라비아 숫자는 자릿수를 쉽게 바꿀 수 있어(0이 있기 때문) 위조 사건이 공공연히 성행하기도 했답니다. 그래서 한때는 아라비아 숫자의 사용을 금지한 적도 있다고 합니다.

그러나 상업이 발달하면서 아라비아 숫자는 다시 널리 사용될 수밖에 없었습니다. 아라비아 숫자보다 더 편리한 숫자는 없었으니까요.

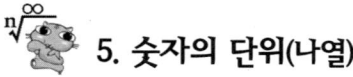

5. 숫자의 단위(나열)

4·5·정의 아버지는 종이에 다음과 같이 한문으로 숫자를 표기했습니다.

'四千三百二十一'

그리고는 말씀하셨죠. "이것은 4321을 나타낸단다."

그러자 4·5·정에게 한 가지 의문이 들었습니다. '왜 한문의 수들은 숫자 뒤에 일일이 단위 표시를 해 두는 걸까? 굳이 四千三百二十一(4천 3백2십1)이라고 단위를 표기하지 않더라도 4321이라고 쓰면 이 수가 4천3백2십1이 된다는 것쯤은 초등학생도 다 아는 사실인데…….'

역시 이번에도 3·10·법·4 선생님의 도움이 필요하겠군요.

"원래 옛날 중국 사람들은 숫자 뒤에 단위를 일일이 써 주어야 했단다. 왜냐고? 허험. 그건 옛날 중국 사람들은 0이라는 개념을 몰랐기 때문이지. 아니 몰랐다기보다는 숫자 표기가 없었다는 말이 맞겠구나. 예를 들어 우리는 100, 10, 1을 구분할 때 첫번째는 1백, 두번째는 1십, 세번째는 일이라고 쉽게 판단할 수 있지만, 세 숫자에서 0이라는 수를 없애 버리면 어떻게 구분할 수 있겠느냐. 해서, 옛날 사람들은 숫자 뒤

에 그 숫자의 단위 표시를 명백히 해 두었던 것이다. 알겠느냐?"

어때요? 선생님의 설명을 듣고 보니 지금 우리가 쓰고 있는 숫자가 얼마나 과학적이고 아름다운 배열을 하고 있는지 아시겠지요? 이토록 아름다운 숫자와 좀더 친해지려면 중간에 포기해선 안 되겠죠?

?─해설 숫자의 단위(나열)

로마 숫자에 대해 더 자세히 살펴볼까요? 로마 숫자는 다음과 같습니다.

Ⅴ-5, Ⅹ-10, L-50, C-100, D-500

그러면 문제를 낼 테니 맞춰 보세요.

문제 1) 삼백 삼십 삼을 로마 숫자로 표기하면 어떻게 나타낼까요? 한문 숫자처럼 ⅢC Ⅲ Ⅹ Ⅲ(3백3십3)으로 나타낼까요? 아니면 아라비아 숫자처럼 Ⅲ Ⅲ Ⅲ(333)으로 나타낼까요? 하지만 둘 다 틀린 답입니다.

정답 : CCCXXXⅢ

300은 100+100+100 이니까 CCC(100+100+100), 30은 Ⅹ Ⅹ Ⅹ (10+10+10)로 나타내지요.

로마 숫자는 앞에서도 이야기했지만 덧셈(+), 뺄셈(-)을 이용하고 있기 때문에 위와 같이 표기를 한답니다.

문제 2) 333을 한문 숫자로 표기해 보세요.

정답 : 三百三十三

이것을 풀어 써 보면 (3×100)+(3×10)+3으로 되어 있습니다. 한문 숫자는 곱하기(×)를 이용하여 표기를 하기 때문에 위와 같이 나타 내지요. 어때요? 로마 숫자는 +, -를 이용하고, 한문 숫자는 ×를 이용한다는 것을 이제는 알 수 있죠?

⨎ 6. 숫자 읽기

수학 시간이었습니다. 그런데 3·10·법·4 선생님은 100000000이라는 숫자를 써 놓고 세번째 숫자 앞에 ',' 표시를 해 두는 것이 아니겠습니까? (예 : 100,000,000)

'도대체 왜 저렇게 할까?' 4·5·정은 의문을 갖지 않을 수 없었습니다.

"할 일이 없어서? 아니면 3·10·법·4니까 자신의 성씨인 3자리마다 표시를 해 두어 만인에게 3이라는 숫자를 인식시키려고? 정말 알 수가 없네."

어디 한번 3·10·법·4 선생님의 이야기를 들어 볼까요?

"이 ',' 표시는 미국 사람들이 자신들이 읽기 편하도록 세 자리 수 앞에 표시를 해 둔 것이지. 미국에서 보면 1,000(천, thousand)·1,000,000(백만, million)·1,000,000,000(십억, billion)·1,000,000,000,000(조, trillion) 식으로 세 자리 수마다 단위를 달리해 읽어 내려가니까 세번째 숫자 앞에 표시를 해 두면 읽기 편하겠지?"

'아하! 그렇구나'

그런데 4·5·정은 또 다른 의문이 생겼습니다.

'우리 나라에서는 4321조 4321억 4321만 4321식으로 네 자리 수마다 단위가 바뀌는데 왜 꼭 선생님은 세 자리 수 앞에다 표시를 해 두는 것일까? 3·10·법·4 선생님이 외국 사람도 아닌데 말이지.'

3·10·법·4 선생님이 다시 말씀하셨습니다.

"이 세 자리 수 앞에 ' , ' 기호를 찍는 것은 국제적인 약속이란다. 만약에 네 자리 수 앞에 , 표시를 해 두면 우리가 읽기는 편리하겠지만 외국인들이 보면 잘못 읽지 않겠니? 그러면 국제적인 무역을 하는데 참으로 어려움이 많을 거야. 그래서 세계 어느 곳을 가도 세 자리 수 앞에 , 표시를 해 두는 것이란다. 이해하겠느냐?"

"예! 약속은 지키라고 있는 거니까요."

? ÷+ 해설 숫자 읽기

문제) 3,333,333을 영어로 읽어 보세요.

정답 : 3 thousand 333 million 333

위에서 보듯 영어에서는 3자리마다 단위가 바뀌는 것을 알 수 있습니다.

※ 영어의 단위 1,000(천, thousand)·1,000,000(백만, million)·
1,000,000,000(십억, billion)·1,000,000,000,000 (조, trillion)

그러니까 미국 사람들은 세 자리 수 앞에 , 만 찍어 두면 아무리 큰 숫자라도 읽기가 편하겠지요.

■ 4·5·정 생각

나는 숫자를 읽을 때 네 자리 수 앞에 , 을 찍어 읽는다. 예를 들어 1000000이라는 숫자가 있다고 하자.

네 자리 수 앞에 , 을 찍어 보면 100,0000이고 그러면 앞의 두 자리 수 백과 단위 만을 차례로 읽으면 백만이라고 쉽게 알아볼 수가 있다. 왜냐하면 우리 나라 숫자는 네 자리 수마다 단위가 바뀌기 때문이다.

1,0000──만   1,0000,0000──억   1,0000,0000,0000──조

그렇다고 해도 실제로 공책에다 쓸 때는 네 자리 수 앞에 , 을 찍지는 않는다. 세 자리 수 앞에 , 을 찍되 생각은 네 자리 수마다 끊어서 읽는 것이다.

$\sum_{}^{n}$ 🐹 7. 이 세상에서 가장 큰 수

■이 세상에서 가장 큰 수는?

4·5·정의 생각을 한번 들어 볼까요?

'신문에 나타난 가장 큰 수를 찾아보면 되겠지. 신문에서 조보다 더 큰 수는 보지를 못했으니 이 세상에서 가장 큰 수는 조의 가장 큰 수 9999조 9999억 9999만 9999구나. 그러니까 답은 9,999,999,999,999,999이다. 우하하! 내가 이렇게 똑똑하다니……'

다음날 수학 시간.

3·10·법·4 : (4·5·정의 공책을 보며) 9,999,999,999,999,999라는 숫자에 1을 더해 보렴.

4·5·정 : (무언가 깨달은 듯) 앗! 그러면 10,000,000,000,000,000이 가장 큰 수로구나!

3·10·법·4 : 그 수에 다시 +1을 하면?

4·5·정 : 어? 그렇게 계산하면 이 세상에 어떤 큰 수가 있다고 가정해도

그 수에 1을 더하면 더 큰 수가 생기잖아요.

3·10·법·4 : 네 말이 맞다. 그러니 이 세상에서 가장 큰 수는 찾을 수가 없겠지. 왜냐하면 자연수는 유한한 것이 아니라 무한한 것이니까.

그래요. 수는 유한한 것이 아니라 무한합니다. 그렇다면 무한이라는 개념은 어떤 것일까요? 4·5·정에게는 또 하나의 숙제가 생겼습니다.

?÷+−해설 이 세상에서 가장 큰 수

수가 아무리 많더라도 수를 마지막까지 셈할 수 있는 경우는 유한, 그렇지 못한 경우는 무한이라고 합니다. 이 세상에서 가장 큰 수의 경우도 유한이 아니고 무한이라는 것을 알 수 있겠죠? 이것은 '자연수 전체의 집합은 유한 집합이 아닌 무한 집합이다'라고 정의할 수 있는 것입니다.(4장의 11절 간접 증명법 참고) 여기서 무한의 개념을 이해하는 데 도움이 될 만한 이야기를 하나 소개할까 합니다.

어느 관광지에 무한 호텔이라는 엄청나게 큰 호텔이 있었습니다. 이 호텔에는 무한 개의 방이 일렬로 쭉 늘어서 있었지요.

어느 날 호텔 방이 모두 찼을 때 신혼 부부 한 쌍이 와서 방을 하나 신청했습니다.

"이런, 오늘은 만원입니다."

라고 프론트에서 입을 열려는 순간, 지배인이 달려와서 손님에게 방을 한 개 마련해 주겠다고 했습니다.

지배인은 어떻게 손님 방을 마련해 주었을까요?

지배인은 실내 방송을 통해 손님들에게 각각 다음 방으로 옮겨 달라고 부탁했습니다. 1호실 손님은 2호실, 2호실 손님은 3호실, 3호실 손님은 4호실 ……

이렇게 말입니다. 그랬더니 1호실 방이 하나 비는 것 아니겠어요? 이렇게 해서 신혼 부부 한 쌍이 묵을 방을 마련해 주었지요.

이 방식대로 한다면 손님이 1명, 100명, 1,000명, 10,000명이 찾아와도 방을 마련해 줄 수 있겠지요. 왜냐하면 손님이 아무리 많이 와도 그 수만큼 방에 있는 손님들을 다음 방으로 이동시키면 될 테니까요.

그러던 어느 날이었습니다. 이번에는 무한 명의 손님들이 호텔을 찾아와 방을 마련해 줄 수 있냐고 물어 보았습니다.

과연 지배인은 방을 마련해 줄 수 있을까요? 무한 호텔에 유한의 손님이 아닌 무한의 손님이 찾아와도 말입니다. 똑똑한 우리의 지배인은 다음과 같은 방법으로 방을 마련해 주었습니다.

숙박중인 손님들에게 자신의 방 번호에 2를 곱한 번호의 방으로 옮기게 했지요. 1호실은 1×2=2호실, 2호실은 4호실, 3호실은 6호실, 4호실은 8호실 …… 이런 식으로 말입니다.

그랬더니 1, 3, 5, 7, 9 …… 홀수 번호의 방이 모두 비게 되었지 뭐예요. 그래서 무한 명의 단체 손님을 전원 숙박시킬 수 있었답니다.

이 이야기는 유한 집합(유한 개의 원소로 된 집합)과 무한 집합(무한 개의 원소로 된 집합)의 근본적인 차이를 알기 쉽게 설명하는 보기로 자주 인용된답니다.

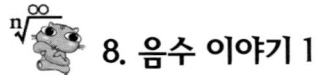

8. 음수 이야기 1

TV 뉴스를 보고 있는 4·5·정.

"내일 서울의 기온은 한낮에도 영하 10도까지 내려가 매우 쌀쌀한 날씨가 되겠습니다."

4·5·정 : (-10℃라고 쓰여 있는 TV 자막을 보며) 영하라면 0보다 아래에 있다는 뜻인데 0보다 아래면 −(마이너스)라고 하는구나.

이때 마침 친구 손·5·공(손오공)이 놀러 왔습니다.

손·5·0 : 너 음수에 대해서 알아?

4·5·정 : 음수가 뭔데?

손·5·0 : 그것도 몰라? −라는 것 말야.

4·5·정 : 음 아까 TV에서 봤어. −는 0보다 작은 수를 말하지?

손·5·0 : 그래. 그러면 −는 어디에 있지? 예를 들어 사과가 두 개 있으면 2, 한 개 있으면 1, 한 개도 없으면 0이라고 하잖아.

4·5·정 : 그렇지.

손·5·0 : 그러면 아무 것도 없는 0보다 작은 수는 어디에 있냐고.

4·5·정 : (정색을 하며) 사과 내가 다 안 먹었어!

손·5·0 : 아니 사과를 먹었다는 게 아니라, 아무 것도 없는 0보다 작은 수는 어디에 있냐고.

4·5·정 : 진작 그렇게 얘기하지. 손·5·0 네가 먹었구나. 하지만 괜찮아. 너는 내 친구니까.

?−+해설 음수 이야기 1

음수는 눈에 보이지 않습니다. '0보다 작다'는 것을 우리는 실생활 속에서 찾을 수 없죠. 음수(−)가 없다면, 우리 실생활에서는 어떤 불편한

일들이 발생할까요? 한번 생각해 보세요.

예를 들어 철수의 한 달 용돈은 10,000원입니다. 그러나 여러 가지 물품을 사다 보니 10,000원을 다 써 버리고 영희한테 5,000원을 빌려 썼습니다. 철수는 한 달 동안 5,000원의 적자가 난 셈이죠. 그렇다면 적자가 난 5,000원을 어떻게 수로 나타낼까요? 바로 이럴 때 음수를 사용하면 적자가 난 5,000원을 쉽게 표현할 수가 있습니다.

자, 그러면 위의 이야기를 공식으로 풀어 볼까요?

10,000원(철수의 한 달 용돈)−15,000원(한 달 동안 지출한 돈) =
−5,000원(5,000원의 적자)

음수가 없다면 위와 같은 상황을 설명할 수 없겠지요.

음수가 실제의 수로 인정받기 시작한 것은 데카르트(프랑스의 수학자이며 철학자)가 음수를 직선 위에 나타내면서부터였습니다.

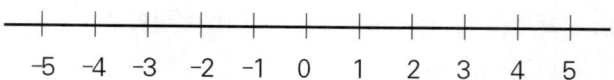

옛날에는 어떤 방정식을 풀어서 그 결과가 음수(−)면 답으로 인정하지 않기도 했답니다.

9. 음수 이야기 2

〔1교시 국어 시간〕

오늘은 국어 중간 시험 발표 날이었습니다. 반 평균 점수는 70점, 그런데 4·5·정의 점수는 40점. 국어 선생님은

"4·5·정은 반 평균보다 30점이나 부족하군."

하시며 4·5·정의 점수 밑에 -30이라고 표시하였습니다. 4·5·정은 머리를 갸우뚱거렸습니다.

'음수는 0보다 작은 수인데, 40점이나 받은 내 점수를 -30으로 표현하다니.'

〔2교시 지리 시간〕

지리 선생님은 여러 가지 지형과 지도를 그리면서 땅 밑은 -, 땅 위는 +, 서쪽은 -, 동쪽은 +로 표시하고 있었습니다.

4·5·정 : 아니 이건 또 어떻게 된 거야. 왜 땅 밑과 서쪽이 -가 되는 것이지?

〔3교시 상업 시간〕

선생님은 칠판에 '부채 -, 자산 +'라고 쓰셨습니다.

4·5·정 : 갈수록 태산이군.

〔점심 시간〕

4·5·정 : (골똘히) 0보다 작은 수를 -라 했건만 서쪽도 -, 땅 밑도 -, 부채도 -, 평균보다 낮은 점수도 -, 세상이 온통 - 천지구만.

3·10·법·4 : 에, 음수에 대한 의문점을 알아보기 위해 먼저 0이란 어떤 수인가를 이해해야겠지. 수학에서 0이란 아무 것도 없다는 개념과 함께 어떤 하나의 기준이 되는 수이기도 하단다. 아까 국어 시험의 반 평균 점수가 70점이라고 했으니까 반 평균을 하나의 기준인 0으로 생각해 보면, 당연히 4·5·정의 점수는 평균 점수보다 낮으니까 −가 되는 것이지. 또한 서쪽, 땅 밑, 부채 등을 −라고 하는 것도 0을 하나의 기준으로 생각했기 때문이란다.

4·5·정 : 으, 어려워요.

3·10·법·4 : 전혀 어렵지 않아. 그럼 우리가 달리기를 한다고 가정해 보자. 한 학생이 50m 지점에서 출발하여 앞으로 10m를 가 60m 지점에 있다고 하면, 이 학생은 앞으로 60m를 간 것일까?

4·5·정 : 아니오. 앞으로 10m를 간 것이니까 +10m 간 것이지요.

3·10·법·4 : 그래 잘했어. 그러면 이 학생이 50m 지점에서 출발하여 뒤로 10m를 가 40m 지점에 있었다고 하면 이 학생은 +40m, 즉 앞으로 40m를 간 것일까?

4·5·정 : 아니죠. 뒤로 10m 갔는데 어떻게 앞으로 40m를 간 것이 되나요? 뒤로 10m, 즉 -10m를 간 셈이죠.

3·10·법·4 : 그래. 그렇다면 너는 50m 지점을 어떻게 생각한 거지?

4·5·정 : 그거야 50m 지점에서 출발했으니까 50m가 하나의 기준이 된다고 생각한 거죠.

3·10·법·4 : 그래, 바로 그거야! 이때 50m를 하나의 기준, 즉 0으로 생각하면 50m보다 뒤로 간다는 것은 0을 기준으로 해서 뒤로 간 것이니까 −가 되는 거야.

4·5·정 : 아하. 이제 뭔가 이해가 되네요.

?÷⁺해설 음수 이야기 2

우리의 실생활 속에서 음수는 반대의 성질을 가진 수량에 사용되기도 합니다. 사람들이 알아보기 편하게 음의 부호를 택한 것이죠.

예를 들어 보면 다음과 같습니다.

장사를 해서 얻은 이익	+	손해	−
기업의 흑자	+	적자	−
지면에서의 높이	+	깊이	−
동쪽	+	서쪽	−
해면보다 높음	+	낮음	−

....

이 경우 음수(−)는 단순히 0 이하의 수라고 하기보다 반대되는 성질의 것이라고 이해하면 됩니다.

　앞의 예에서 보듯 50m 지점에서 뒤로 10m 갔다면 −10m 간 것입니다. 왜냐하면 앞으로 간다(+)의 반대(−), 즉 뒤로 10m 간 것이니까요.(이때 50m를 하나의 기준, 즉 0으로 생각한다.) 실생활 속에서 음수(−) 부호를 이용하면 편리한 점이 참 많습니다.

　오늘 어머니께서 용돈 10,000원을 주셨는데 그 가운데 1,000원으로 떡볶이를 사 먹었다고 하면,

　어머니가 주신 용돈 : 10,000원 +, 떡볶이 사 먹은 돈 : 1,000원 −

로 표시해 두고, 오늘 아버지께서 케이크 하나를 사 오셨는데 반을 먹고 반쪽은 남겨 놓았다고 하면,

　아버지가 사 오신 케이크 한 개 +, 내가 먹은 케이크 반쪽 −

로 표시해 두면 간편하겠지요.

　이렇듯 음수(−)는 0보다 낮은 경우, 그리고 반대되는 성질의 수량에 쓰는 부호입니다.

$\sum_{n}$ 🐿 10. x 문자

"어떤 수에 3을 더하면 8이 됩니다. 그러면 어떤 수는 얼마일까요?"

4·5·정, 저·8·계, 손·5·0이 둘러앉아 이 숙제를 풀고 있었습니다. 4·5·정은 아무리 생각해도 알쏭달쏭했지요. 그래서 손·5·0이 화장실 간 사이에 손·5·0의 답을 엿보았습니다.

손·5·0의 공책에는 $x+3=8$, $x=8-3$, $x=5$ 답 5라고 적혀 있었습니다. 그리고 그 옆에 있는 저·8·계의 답 또한 $x=5$라고 적혀 있었습니다.

4·5·정 : 여기 x라는 문자는 뭐고 왜 $x=5$가 되는 거야?

저·8·계 : 왜 그러셔. 난 모르셔. 손·5·0 거 베껴 쓴 거셔.

4·5·정 : 그럼 그렇지.

4·5·정은 화장실에 갔다 온 손·5·0에게 다시 물어 보았습니다.

손·5·0 : 문제를 수식으로 단순하게 나타내면 풀기가 쉬워. 즉, 어떤 수를 x라고 놓는 것이지. 그러면 $x+3=8$이라는 수식이 되고 이 수식을 풀어 보면 $x=5$, 답은 5가 되는 거야.

4·5·정 : 아하, 어떤 수를 문자 x라고 놓으면 문제가 쉽게 풀린다니 정말 신기하다. 그런데 너는 이런 걸 다 어디서 배웠니?

손·5·0 : 바보야, 바로 오늘 수학 시간에 배운 거잖아.

4·5·정 : 그으래? 어쩐지. 나는 수학 시간에 국어 공부했거든.

손·5·0 : 으이그, 누가 4·5·정 아니랄까 봐.

 x문자

앞에서 본 "어떤 수에 3을 더하면 8이 된다"라는 문제는 $x+3=8$이라고

놓으면 계산하기 편합니다.

여기에서 $x+3=8$이라고 놓는 것을 우리는 '식'이라고 하지요. 식의 정의는 '숫자, 기호, 문자 등을 써서 어떤 정해진 약속에 따라 나타낸 하나의 문장'이라고 할 수 있습니다.

그렇다면 수학책에 나오는 기호와 문자들은 누가 처음 만들었을까요?

+ : 1300년께 이탈리아의 수학자 레오나르도 피사노가 7+4를 7과4라고 썼는데 라틴어 et, 즉 '과'가 줄어 + 기호가 생겼다고 전해진다.
− : 모자란다는 뜻의 라틴어 minus의 약자 $\overline{m}$에서 − 만을 따서 쓰게 되었다고 한다. 그러나 − 기호가 어떻게 하여 쓰이게 되었는지는 확실히 알려진 사실이 없다. 다만 1489년 독일의 수학자 비드만의 『상용 산수서』라는 책에서 처음 사용되었다고 한다.

× : 영국의 오트렛이 1631년 출판한 『수학의 열쇠』라는 책에서 처음
　쓰였다.
÷ : 10세기께의 산수책에 이 부호가 사용됐으나, 본격적으로 쓰이기
　시작한 것은 1659년 요한 하인리히랜의 대수학 책에서 선보인
　뒤부터이다.
x : 17세기 프랑스의 데카르트가 미지의 양을 x, y, z 등으로 나타내기
　시작했다.
= : 1557년 영국의 로버트 레코드가 쓴 『지혜의 숫돌』에서 처음 등장
　하였다. 이 기호는 세상에서 2개의 평행선만큼 같은 것이 없기
　때문에 비롯된 것이며, 그 때문에 =를 길게 표현하였는데 너무
　길다 보니 쓰기가 불편해 오늘날과 같이 짧게 줄이게 된 것이다.
＞＜ : 영국의 수학자 해리어트(1560~1621)가 고안하였다.

11. 거듭제곱

언제부턴가 4·5·정의 꿈속에 귀신이 나타나 괴롭히기 시작했습니다. 어느 날인가는 갑자기 나타난 귀신이 4·5·정에게 "2를 두 번 곱한 것을 수식으로 나타내 봐" 하고 수학 문제를 내는 것이었습니다.

4·5·정은 즉각 대답했지요.

"2×2다!"

그 다음날도 귀신이 나타나 "2를 세 번 곱한 것을 수식으로 나타내 봐"라고 했습니다.

"$2 \times 2 \times 2$다!"

이번에도 4·5·정은 쉽게 대답했습니다. 그런데 귀신은 하루도 빠지지 않고 꿈에 나타나 같은 질문을 하는 것이었습니다. 세 번, 네 번, 다섯 번 ……. 이런 식으로 하루가 지날 때마다 4·5·정은 2를 한 번씩 더 곱해야 했지요.

100일째 되는 날도 귀신은 어김없이 찾아와 2를 100번 곱한 것을 수식으로 나타내 보라고 했습니다.

"$2×2×2×2×2×2× \cdots \times 2$다."

이제 4·5·정은 귀신 때문에 밤잠을 설치게 되었답니다.

그 다음날, 잠을 제대로 못 자 수업 시간에 졸고 있는데 3·10·법·4 선생님이 "너 왜 졸고 있냐?"고 물어 보았습니다. 그래서 4·5·정은 밤마다 귀신이 괴롭힌 이야기를 했지요. 그러자 3·10·법·4 선생님은 묘한 꾀 하나를 가르쳐 주셨습니다.

2를 두 번 곱하면 $2×2$가 되고 그것을 2^2이라고 이렇게 줄여서 쓸 수 있다고요. 이것을 '거듭제곱'이라고 한다나요? 그러니까 2를 100번 곱하면 2^{100}이라고 쓰면 간단하겠지요.

밤에 잠을 자고 있는데 귀신이 나타나 또 똑같은 질문을 했습니다.

"2를 101번 곱한 것을 수식으로 나타내 봐."

4·5·정은 빙그레 웃었습니다.

"2^{101}"

그 뒤로 귀신은 두 번 다시 나타나지 않았답니다.

?÷-(해설) 거듭제곱

제곱 표기의 변천사를 알아보도록 하겠습니다.

프랑스의 수학자 비에트(1540~1603)는 제곱승을 A quadratum(오늘날 x^2), A cubus(오늘날 x^3) …… 식으로 표현했습니다. 그 뒤 영국의 수학자 해리어트(1560~1621)는 한 걸음 더 나아가 A^3는 AAA, A^2는 AA …… 등으로 썼습니다. 그러나 해리어트의 이 방법은 불편했습니다. A^{100}은 A를 100번 써야 했으니까요.

제곱 표기가 오늘날과 같이 된 것은 바로 데카르트의 업적이랍니다.

■ 의문점

2^0은?

정답부터 말하자면 2^0은 1입니다.

그렇다면 3^0은?

그것도 1이지요. 4^0, 5^0, 6^0 …… 등 모든 자연수의 지수가 0이면 답은
1이 됩니다. ($2^0 = 1$, $3^0 = 1$, $4^0 = 1$, $5^0 = 1$ ……)

왜 그런지 증명을 통해 알아보도록 하겠습니다.

문제1) $2^5 \div 2^3 = ?$

정답 : $2^5 \div 2^3 = \dfrac{2^5}{2^3} = \dfrac{2 \times 2 \times 2 \times 2 \times 2}{2 \times 2 \times 2} = 2 \times 2 = 2^2 = 4$

$2^5 \div 2^3 = 2^{5-3} = 2^2 = 4$라는 식으로 간단히 풀 수 있지요?

문제2) $2^5 \div 2^4$와 $2^5 \div 2^5 = ?$

정답 : $2^5 \div 2^4 = \dfrac{2^5}{2^4} = \dfrac{2 \times 2 \times 2 \times 2 \times 2}{2 \times 2 \times 2 \times 2} = 2^1 = 2$

즉, $2^5 \div 2^4 = 2^{5-4} = 2^1 = 2$

$2^5 \div 2^5 = \dfrac{2^5}{2^5} = \dfrac{2 \times 2 \times 2 \times 2 \times 2}{2 \times 2 \times 2 \times 2 \times 2} = 1$

즉, $2^5 \div 2^5 = 2^{5-5} = 2^0 = 1$

위에서 보듯 $2^5 \div 2^5$을 분수로 풀었을 때 답은 1입니다. 그렇다면
$2^{5-5} = 2^0$도 답이 같아야 되기 때문에 2^0은 1이 되지요. 이것은 2 이외
의 다른 자연수로 증명을 해도 마찬가지 결과가 나옵니다.

12. 분수

4·5·정은 슈퍼보드를 타고 기원전 1700년께의 고대 이집트로 날아갔습니다. 거기에는 아메스(Ahmes)라는 사람이 나일 강에서 자생하는 파피루스라는 식물로 만든 종이에 무언가를 열심히 적고 있었습니다.

4·5·정 : 아저씨, 무얼 적고 계세요?

아메스 : 음 땅의 넓이, 창고의 부피 등을 다룬 수학책을 쓰고 있단다.

4·5·정 : 근데 이건 무슨 그림이에요?

아메스가 쓰고 있던 책에는 다음과 같은 그림이 그려져 있었습니다.

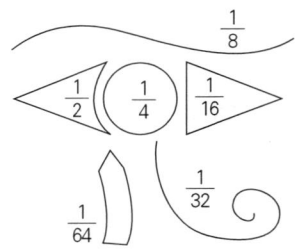

아메스 : 이 그림은 매의 눈이란 뜻을 가진 호루스의 눈을 그려 놓은 거란다.

4·5·정 : 그렇구나.

아메스 : 여기에는 하나의 전설이 있단다.

4·5·정 : 전설이요?

아메스 : 그래. 신화에 따르면 하늘과 땅의 신 사이에서 태어난 오시리스
는 미개했던 이집트를 발전시킨 위대한 신이었지. 그런데 그의
동생인 세트는 형의 성공을 항상 시기하였고 결국 흉계를 꾸며
형을 죽이고 말았단다.

4·5·정 : 어떻게 그런 일을……

아메스 : 그런 뒤 세트는 형 오시리스를 토막내 이집트 각지에 뿌렸는데,
오시리스의 아내 이시스가 오시리스의 토막난 시체를 모아 미
라로 만들어 놓았고 사자의 신의 도움을 받아 남편을 되살렸단
다. 결국 오시리스는 저승의 왕이 되었지.

4·5·정 : 근데요, 아저씨. 호루스는 언제 나와요?

아메스 : 호루스가 바로 오시리스의 아들이란다. 호루스는 결국 아버지
원수인 세트를 무찌르게 되는데 이때 세트는 호루스의 눈을 뽑
아 산산이 부수어 놓았단다.

4·5·정 : 끔찍해라.

아메스 : 이것을 본 토토의 신이 그의 눈 조각들을 모아서 원래의 모습을
찾아주었지. 위의 그림은 호루스의 눈 조각들을 맞추어 놓은 것
이란다.

4·5·정 : 그런데 한 가지 궁금한 게 있어요.

아메스 : 그게 뭔데?

4·5·정 : 여기 그려진 분수들을 다 더하면 1이 되지 않네요.

$$\left(\frac{1}{2} + \frac{1}{4} + \frac{1}{8} + \frac{1}{16} + \frac{1}{32} + \frac{1}{64} = \frac{63}{64}\right)$$

아메스 : 그래 그렇지.

4·5·정 : 그건 왜 그래요?

아메스 : 나머지 $\frac{1}{64}$ 은 토토신의 몫이란다.

?÷⁺(해설) 분수

앞의 이야기는 세계에서 가장 오래된 수학책인 이집트의 『린드 파피루스』라는 문서에 그려져 있는 그림에 대한 것입니다.

분수는 옛날 이집트 시대부터 시작되었습니다. 그러나 이집트 사람들이 사용한 분수는 오늘날 우리들이 쓰고 있는 분수와 약간 차이가 있었답니다. 그들은 $\frac{2}{3}$ 를 제외한 모든 분수를 단위 분수와 단위 분수의 합으로 나타냈습니다. 앞의 호루스 눈의 분수들도 단위 분수로 되어 있지요. 단위 분수란 분자가 1인 분수를 말하는 것입니다.

단위 분수 → $\frac{1}{2}$, $\frac{1}{3}$, $\frac{1}{4}$ ……

예를 들어 $\frac{3}{4}$ 을 단위 분수의 합으로 나타내면 $\frac{1}{2} + \frac{1}{4}$ 이 되겠죠.

그러면 왜 이집트 사람들은 이렇듯 분수를 복잡하게 만들었을까요? 물론, 그것은 나름대로 이유가 있답니다.

사과 3개를 네 사람이 나눈다고 생각해 보세요.

먼저 사과 2개를 반쪽씩 나누어 네 사람이 가지고 나머지 1개를 4등분해 하나씩 나누어 가지면 되겠지요. 그러니까 $\frac{3}{4}$ 을 나눌 때 먼저 사과 한 개를 $\frac{1}{2}$ 로 나누고 나중의 사과 한 개를 $\frac{1}{4}$ 로 나눈 합과 같다는 이야기입니다.($\frac{3}{4} = \frac{1}{2} + \frac{1}{4}$)

이집트 사람들은 분수를 어떤 복잡한 수학적 계산 문제에 이용한 것이 아니라 단순히 물건을 분배하는 데 주로 사용했습니다. 아마 그래서 단위 분수를 사용했을 것이라 생각합니다.

어떤 물건을 분배할 때는 단위 분수를 사용하면 편리하답니다.

※ 이집트 사람들의 분수 표기법 $\frac{1}{2} = \bigcirc\!\!\!\underset{||}{}$ $\frac{1}{3} = \bigcirc\!\!\!\underset{|||}{}$ ……

문제) 다음을 단위 분수로 표현해 보세요.

$$\frac{3}{5} = \frac{1}{(\quad)} + \frac{1}{(\quad)}$$

$$\frac{3}{6} = \frac{1}{(\quad)} + \frac{1}{(\quad)}$$

(4·5·정이 어제 5시간 만에 푼 문제)

■ 분수의 나눗셈

문제1) $\frac{1}{2} \div \frac{1}{3} = ?$

여러분은 위의 문제를 다음과 같이 쉽게 풀 수 있을 것입니다.

$$\frac{1}{2} \div \frac{1}{3} = \frac{1}{2} \times \frac{3}{1} = \frac{3}{2}$$

즉 분수의 나눗셈에서 뒤 분수의 분모, 분자를 서로 바꾸고 나누기 대신 곱하기를 하면 쉽게 풀 수 있지요.

※ $\frac{b}{a} \div \frac{d}{c} = \frac{b}{a} \times \frac{c}{d}$

그러면 여러분에게 질문을 하나 할까요?

왜 분수의 나눗셈은 뒤의 분모와 분자를 바꾸고 나누기 대신 곱하기를 하는 걸까요? 문제를 풀면서 그 답을 찾아볼게요.

문제 2) $\frac{1}{2} + \frac{1}{3} = ?$

여러분은 이 문제를 풀기 위해 먼저 분모의 크기를 같게 하였을 것입니다. 다음과 같이 말이죠.

$$\frac{1}{2} + \frac{1}{3} = \frac{1}{2} \times \frac{3}{3} + \frac{2}{2} \times \frac{1}{3} = \frac{1 \times 3}{2 \times 3} + \frac{2 \times 1}{2 \times 3}$$
$$= \frac{3}{6} + \frac{2}{6} = \frac{5}{6}$$

그렇다면 위의 나누기 문제도 분모의 크기를 같게 하면 풀기 쉽겠죠?

$$\frac{1}{2} \div \frac{1}{3} = \frac{1}{2} \times \frac{3}{3} \div \frac{2}{2} \times \frac{1}{3} = \frac{1 \times 3}{2 \times 3} \div \frac{2 \times 1}{2 \times 3}$$
$$= (1 \times 3) \div (2 \times 1) = \frac{1 \times 3}{2 \times 1} = \frac{1}{2} \times \frac{3}{1} = \frac{3}{2}$$
$$\text{※} \ \frac{1}{2} \div \frac{1}{3} = \frac{1}{2} \times \frac{3}{1} = \frac{3}{2} \rightarrow \frac{b}{a} \div \frac{d}{c} = \frac{b}{a} \times \frac{c}{d}$$

이제 이해가 되셨어요?

위에서 보듯 분수의 나누기는 뒤 분수의 분모와 분자를 바꾸고 나누기 대신 곱하기를 하면 쉽게 구할 수가 있답니다.

4·5·정은 다시 슈퍼보드를 타고 1584년께 벨기에로 날아갔습니다. 여기저기를 돌아다니고 있는데 어떤 사람이 무슨 계산 문제를 푸느라고 밤늦게까지 고민하고 있었습니다. 그 사람 이름은 시몬 스테빈(Simon stevin, 1546~1620)이었습니다.

4·5·정 : 아저씨, 무슨 고민 있으세요?

시몬 스테빈 : 나는 군사들의 월급이나 식량비 등을 지급하는 회계 장교인데 저 많은 병사들의 월급, 식비, 특히 이자 계산을 하려니까 골치가 아파서 그래.

4·5·정 : 무슨 계산이 그리 복잡하기에 골치가 다 아파요?

시몬 스테빈 : 자, 너도 한번 봐라. 군사들의 이자를 계산한다고 할 때 $\frac{1}{10}$, $\frac{1}{100}$ ……일 때는 계산이 편한데 $\frac{1}{11}$, $\frac{1}{12}$, $\frac{1}{13}$ …… 등의 계산은 머리가 다 아프다니까. 으, 머리 아파. 4·5·정, 네가 수학을 잘한다니까 나 좀 도와 주겠니?

4·5·정 : (우쭐해서) 내가 수학을 잘하는 건 사실이지만, 여행을 많이 해서 좀 쉬어야 겠어요.

다음날 시몬 스테빈은 아침 일찍부터 4·5·정을 찾아왔습니다.

시몬 스테빈 : 4·5·정! 내가 중요한 것을 발견했어. 계산을 할 때 $\frac{1}{11}$, $\frac{1}{12}$, $\frac{1}{13}$ …… 등의 숫자 분모를 10, 100, 1000 등 알아보기 쉽게 만들면 계산하기가 훨씬 수월해. 예를 들면 $\frac{1}{5}$은 $\frac{2}{10}$, $\frac{1}{16}$은 $\frac{625}{10000}$ …… 이런 식으로 말이야.

4·5·정 : 정말 축하해요! 좋은 발견을 하셨네요.

시몬 스테빈 : 당장 모든 분수를 이렇게 고쳐 표로 만들어야겠어.

며칠 뒤, 4·5·정이 시몬 스테빈을 찾아갔을 때 그는 또 다른 고민에 빠져 있었습니다.

시몬 스테빈 : 4·5·정아, 한 가지 고민이 또 생겼지 뭐니. 이제 분수의 분모를 10, 100, 1000 …… 으로 만들어 계산은 편해졌는데 여러 수들 가운데 어느 쪽이 큰 수인지 분간하기가 어려워졌어. 예를 들어 $\frac{29}{100}$ 와 $\frac{312}{1000}$ 가운데 어느 쪽이 큰 수인지 쉽게 분간이 가질 않아.

4·5·정 : 분모의 자릿수를 같게 하면 분간하기 편하잖아요. 앞의 두 수 가운데 $\frac{29}{100}$ 를 $\frac{290}{1000}$ 으로 고쳐 생각하면 $\frac{290}{1000}$ 과 $\frac{312}{1000}$ 의 분모의 자릿수가 같으니까 분자의 크기, 즉 290과 312 가운데 큰 수는 312잖아요. 그러니까 $\frac{29}{100}$ 보다 $\frac{312}{1000}$ 가 더 큰 수지요.

시몬 스테빈 : (무릎을 탁 치며) 그래! 바로 그거야! 분모의 자릿수를 같게 하면 분자의 크기를 쉽게 알 수 있구나. 그렇다면 분모의

자릿수가 같으니까 굳이 분모와 분자를 다 쓸 필요 없이 분자만 쓰면 되지. 그 대신 자릿수를 알아보기 위해 숫자 뒤에 ⓪①②③ …… 등의 표시를 해 두면 되는 거고. 이렇게 말이야.

$\dfrac{290}{1000}$ 은 ②①⑨②⓪③ $\dfrac{290}{100}$ 은 ②⓪⑨①⓪②

4·5·정 : 와우! 엄청난 발견을 하셨네요.

시몬 스테빈 : 그래. 이건 네가 말한 대로 엄청난 발견이야. 이 수는 1보다도 더 작은 수를 나타내니까 작은 수라는 의미에서 소수(小數)라고 해야겠군.

?÷⁻⁺해설 소수

소수를 발견한 사람은 벨기에의 시몬 스테빈입니다. 분수가 기원전 1800년께 발견된 것에 비하면 굉장히 늦은 편이죠. 분수는 물건을 나누는 데 꼭 필요했지만, 소수는 정확히 재는 일에 유용했으니까요. 아마

옛날 사람들은 물건을 정확히 재는 일보다 물건을 정확히 나누는 일을 더 중요하게 생각했었나 봐요.

소수를 처음 발견한 시몬 스테빈의 직업도 병사들의 월급이나 식비를 계산하여 지불하는 장교였지요. 수없이 많은 병사들의 월급이나 식비, 특히 이자 문제를 계산하려니 얼마나 복잡했을까요? $\frac{1}{10}$, $\frac{1}{100}$ ……이면 괜찮지만 $\frac{1}{11}$, $\frac{1}{12}$, $\frac{1}{123}$, $\frac{1}{1234}$ 등의 분수 계산은 참으로 어렵고 복잡한 문제였습니다. 그래서 보다 쉽고 정확하게 계산하기 위하여 고안해 낸 수가 바로 '소수'였지요.

스테빈이 처음 쓰기 시작한 소수는 오늘날의 소수 표기법과 약간 차이가 있답니다. 예를 들면 오늘날 0.123이란 소수를 스테빈은 0⓪1①2②3③이라고 썼습니다. 소수점을 ⓪으로, 소수점 아래 첫째 자리를 ①, 둘째 자리를 ②, 셋째 자리를 ③…… 등으로 나타냈지요.

그 뒤, 1619년 네이피어가 처음 소수점을 사용하였고, 월리스가 소수점을 이용한 소수를 자주 사용함으로써 오늘날의 소수 표기법이 완성된 것입니다.

그렇다면 소수의 종류는 몇 가지나 있을까요?

소수는 무한 소수와 유한 소수로 나눌 수 있답니다. 유한 소수란 나누어 떨어지는 소수를, 무한 소수란 나누어 떨어지지 않는 소수를 말합니다. 1.25, 1.5 같은 소수를 유한 소수라 하고, 0.3333333 ……, 3.141592 ……처럼 숫자가 무한히 계속 이어지는 소수를 무한 소수라고 합니다.

그런데 무한 소수는 또 순환하는 무한 소수(순환 소수)와 순환하지 않는 무한 소수(무리수)로 나눌 수 있습니다. 예를 들면 0.33333333 ……(3이 계속 이어짐), 0.71428577142857 ……(7142857이 계속 이어짐) 등

과 같이 같은 수가 반복되어 계속 이어지는 소수를 순환하는 무한 소수 (순환 소수)라 하고, $\sqrt{2} = 1.4142135$ ……, 원주율 $\pi(3.141592$ ……)와 같이 수가 반복되지 않고 계속 이어져 나가는 것을 순환하지 않는 무한 소수(무리수)라고 합니다.

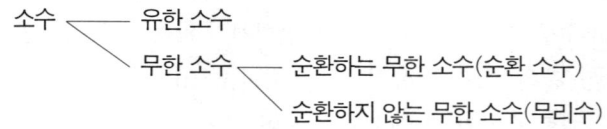

■ 분수와 소수의 관계

수업 시간에 분수를 소수로 나타내는 방법에 대하여 배웠을 것입니다. 그러면 몇 가지 분수를 소수로 나타내 볼까요?

$$\frac{1}{2} = 0.5, \quad \frac{1}{3} = 0.3333333 \cdots\cdots, \quad \frac{1}{4} = 0.25, \quad \frac{1}{5} = 0.2,$$

$$\frac{1}{6} = 0.1666 \cdots\cdots, \quad \frac{1}{7} = 0.142857142857 \cdots\cdots, \quad \frac{1}{8} = 0.125,$$

$$\frac{1}{9} = 0.11111 \cdots\cdots, \quad \frac{1}{10} = 0.1$$

분수를 소수로 고치면 나누어 떨어지는 경우와 나누어 떨어지지 않는 경우가 있지요. 예를 들면 위에서 보듯 $\frac{1}{2}$, $\frac{1}{4}$, $\frac{1}{5}$, $\frac{1}{8}$, $\frac{1}{10}$은 나누어 떨어지지만 $\frac{1}{3}$, $\frac{1}{6}$, $\frac{1}{7}$, $\frac{1}{9}$은 나누어 떨어지지 않습니다. 이렇듯 분수를 소수로 고치면 나누어 떨어지는 유한 소수와 나누어 떨어지지 않는 무한 소수로 나타납니다.

앞에서 무한 소수는 순환하는 무한 소수(순환 소수)와 순환하지 않는 무한 소수(무리수)로 나눈다고 했습니다. 그렇다면 분수를 소수로 고치면 나타나는 무한 소수는 순환하는 무한 소수(순환 소수)가 될까요? 아니면 순환하지 않는 무한 소수(무리수)가 될까요?

순환 소수입니다. 앞의 분수를 살펴보면 금방 알 수가 있어요. $\frac{1}{3}$, $\frac{1}{6}$, $\frac{1}{7}$, $\frac{1}{9}$이 다 순환 소수이니까요. 분수를 소수로 고칠 때 나누어 떨어지지 않는 수는 숫자의 배열이 순환되는 특성을 가지고 있습니다.

다시 한 번 강조하자면 어떤 분수를 소수로 고쳐 나타나는 소수는 유한 소수와 순환 소수입니다. 무리수는 나타나지 않으니까요.

■ 4·5·정의 호기심 1

$$\frac{1}{3} = 0.33333 \cdots\cdots$$

양변에 3을 곱하면?

$$\frac{1}{3} \times 3 = 0.3333 \cdots\cdots \times 3 \rightarrow 1 = 0.999999 \cdots\cdots$$

그렇다면 1과 0.9999999 …… 는 같다는 말인데 왜 두 수가 같게 되는 것일까?

거꾸로 생각하기

1−0.9999 …… 는 얼마일까요?

위 문제를 풀어 보면 1−0.999 …… = 0.0000000 …… 입니다. 0이 끝없이 이어져 있기 때문에 마지막 수를 찾아낼 수가 없습니다. 그러므로 위의 1과 0.9999999 …… 두 수는 같다고 생각할 수 있는 것이죠.

■4·5·정의 호기심 2

왜 모든 수는 0으로 곱하기는 할 수 있어도 0으로 나누어서는 안 된다는 것일까?

호기심 해결

문제) ㉠ $0 \div 2 = \square$　㉡ $2 \div 0 = \square$　㉢ $0 \div 0 = \square$

㉠문제는 다음과 같이 풀 수 있습니다.

$0 \div 2 = \square \rightarrow 0 = \square \times 2$

위의 □ 안에 들어갈 수는 0이 됩니다.

㉡문제도 위와 같은 방법으로 풀어 보면 되겠지요.

$2 \div 0 = \square \rightarrow 2 = \square \times 0$

$2 = \square \times 0$이란 식에서 □ 안에 들어갈 수 있는 수는 존재하지 않습니다. 왜냐하면 □ 안에 어떤 수가 오더라도 오른쪽 변은 항상 0이 되기 때문입니다. 다시 말해 위의 식 $2 = \square \times 0$에서 2=0이란 등식이 만들어지는데 2와 0이 같다는 것은 모순이기 때문입니다. 따라서 2÷0은 답이

존재하지 않습니다.

그러면 ⓒ 문제를 풀어 볼까요?

$0 \div 0 = \square \rightarrow 0 = \square \times 0$

$0 = \square \times 0$ 라는 식에서 $\square$ 안에 들어갈 수 있는 수는 무수히 많습니다. 어떤 수에 0을 곱하더라도 답은 항상 0이 되기 때문에 $\square$ 안에 어떤 수가 오더라도 위의 등식은 성립하지요. 따라서 $0 \div 0$은 답을 정할 수가 없습니다.

어떤 수를 0으로 나누면 답이 존재하지 않는 경우(ⓛ)와 답을 정할 수 없는 경우(ⓒ)가 되기 때문에 어떤 수라도 0으로 나누어서는 안 되는 것입니다.

14. 소수(素數) · 약수 · 배수

4·5·정은 시간 여행을 계속했습니다. 이번에는 기원전 2세기께의 고대 그리스에 갔지요. 그곳에 가 보니 에라토스테네스라는 사람이 공책에다가 숫자를 일렬로 나열해 놓고 숫자 하나씩을 그어 나가고 있었습니다.

4·5·정 : 아저씨 지금 뭐하세요?

에라토스테네스 : 소수를 찾고 있단다.

4·5·정 : 아, 소수란 0.12, 1.34 이런 식으로 쓰는 수를 말하는 것이죠?

에라토스테네스 : 아니지. 내가 말하는 소수란 1과 그 수 자신 외에는 약
       수가 없는 수를 말하는 거란다.

4·5·정 : 약수가 뭔데요?

에라토스테네스 : 0 또는 자연수를 나머지 없이 떨어지게 나눌 수 있는 자
       연수를 원래의 수의 '약수' 라고 한단다.

4·5·정 : 너무 어려워요.

에라토스테네스 : 어려울 것 없어. 예를 들어 6은 어떤 수로 나누면 나머
       지 없이 떨어지지?

4·5·정 : 음, 1로 나누면 나머지 없이 떨어지고(6÷1=6), 2와 3 그리고
       6으로 나누어도 나머지 없이 떨어져요(6÷2=3, 6÷3=2, 6÷
       6=1). 그런데 4나 5로 나누면 나머지가 생기네요.(6÷4=1.5,
       6÷5=1.2)

에라토스테네스 : 그래 맞았어. 네가 말한 것처럼 6이란 수는 1, 2, 3, 6
       이렇게 4개의 수로 나누면 나머지 없이 떨어지지. 이때 1, 2,
       3, 6을 6의 약수라고 한단다. 거꾸로 곱하기를 해서 생각해 보
       면 6이란 수는 1과 6, 2와 3의 곱으로 해서 탄생하지.(1×
       6=6, 2×3=6) 그러므로 1, 2, 3, 6이 6의 약수가 되는 거야.

4·5·정 : 그렇다면 소수는 1과 그 수 자신 외에는 약수가 없는 수를 말
　　　　하니까, 예를 들어 1, 2, 3, 6을 볼 때 2는 1과 그 자신 즉 2로
　　　　밖에 나누어 떨어지지 않으니까 소수이고, 3도 마찬가지로 1
　　　　과 그 자신 3으로밖에 나누어 떨어지지 않으니까 소수군요. 그
　　　　런데 6은 1과 그 자신 외에도 2와 3으로 나누어 떨어지니까 소
　　　　수가 아니네요.

에라토스테네스 : Good! 바로 그거야!

4·5·정 : 그러면 소수를 어떻게 찾고 계신데요? 일일이 숫자 하나씩을
　　　　생각해 본다면 소수 찾는 일도 그리 쉬운 일은 아니겠는데요?

에라토스테네스 : 내가 쉽게 찾는 방법을 알고 있지. 자, 우리 함께 찾아
　　　　볼까? 먼저 1을 제외시키고 2는 소수니까 ○을 그려 놓고 2의
　　　　배수는 소수가 아니니까 모두 지워 보아라.

4·5·정 : 그런데 아저씨 질문 하나 더 해도 돼요?

에라토스테네스 : 뭔데?

4·5·정 : 배수가 뭐예요?

에라토스테네스 : 으, 너는 왜 이렇게 모르는 게 많니? 어떤 자연수를 0배, 1배, 2배 …… 한 수를 그 자연수의 배수라 한다. 예를 들어 2의 배수는 2의 0배 한 수 0(2×0=0), 1배 한 수 2(2×1=2), 두 배 한 수 4(2×2=4), 세 배 한 수 6(2×3=6), 네 배, 다섯 배 한 수 등등 이렇게 배 한 수들을 말하는 거야.

4·5·정 : 아, 이제 생각이 나네요. 빨리 다음 진도로 넘어가죠. 2의 배수를 다 지웠는데 그 다음에는요?

에라토스테네스 : 3은 소수니까 ○ 표시를 해 놓고 3의 배수는 소수가 아니니까 모두 지워라.

4·5·정 : 모두 지웠어요.

에라토스테네스의 체

1	2	3	4	5	6	7	8	9	10
11	12	13	14	15	16	17	18	19	20
21	22	23	24	25	26	27	28	29	30
31	32	33	34	35	36	37	38	39	40
41	42	43	44	45	46	47	48	49	50
51	52	53	54	55	56	57	58	59	60
61	62	63	64	65	66	67	68	69	70
71	72	73	74	75	76	77	78	79	80
81	82	83	84	85	86	87	88	89	90
91	92	93	94	95	96	97	98	99	100

/ 2의 배수 ⁄ 3의 배수 \ 5의 배수 ⁄ 7의 배수 ○ ○ ○ ○ ○ 은 소수

에라토스테네스 : 4는 아까 지웠으니까 그 다음 숫자는 5인데 5는 소수니
　　　　　　　까 ○ 표시를 해 놓고 5의 배수는 모두 지워라. 이런 식으로 지
　　　　　　　워 가면 소수를 쉽게 찾을 수 있단다.

4·5·정 : 아, 이렇게 그어 나가니까 1부터 100까지 수 가운데 소수는 모
　　　　두 25개가 있네요!

에라토스테네스 : 그렇지.

4·5·정 : 그런데 한 가지 궁금한 게 있어요.

에라토스테네스 : 뭔데?

4·5·정 : 왜 1은 제외시키는 거죠? 1도 그 수 자신 외에는 약수가 없으
　　　　니까 소수 아닌가요?

에라토스테네스 : 에(꼬르륵), 그 이야기는 밥 먹고 나서 하자꾸나.

?÷− (해설) 소수 · 약수 · 배수

■소수

앞의 이야기는 그리스의 에라토스테네스(기원전 275~194)가 고안한 소수를 구하는 방법이고 그의 이름을 따서 '에라토스테네스의 체'라고 합니다.

그리스의 수학자 유클리드는 소수는 무한히 많다는 것을 귀류법을 이용하여 증명하였으며, 지금까지 알려진 가장 큰 소수는 자릿수가 258716자리랍니다.

■약수

6의 약수는 1, 2, 3, 6이고 28의 약수는 1, 2, 4, 7, 14, 28입니다. 여기서 6과 28의 약수를 보면 공통점이 있다는 것을 알 수 있습니다.

자기 자신을 제외한 모든 약수의 합이 자기 자신과 같은 수가 된다는 것이죠.(1+2+3=6. 1+2+4+7+14=28) 이런 수를 완전수라고 합니다.

완전수는 그리스 시대부터 많은 수학자들의 관심 대상이었죠. 그리스 시대 사람들은 완전수를 신성한 수로 생각했습니다. 천지창조는 6일 만에 완성되었다, 또는 28세를 결혼의 최적기로 생각했다 등등이 그것이죠.

그렇다면 완전수는 몇 개나 있을까요? 처음 그리스 사람들이 발견한 완전수는 6, 28, 496, 8128 이렇게 4개였을 것으로 추정하고 있습니다. 그 뒤 33550336, 8589869056,

137438691328 등의 완전수가 있다는 것을 발견했죠.

그러나 완전수가 유한 개인가 무한 개인가 또는 지금까지 알려진 완전수는 다 짝수인데 홀수인 완전수가 존재하는가 하는 문제에 대하여는 지금껏 밝혀 내지 못하고 있습니다. 앞으로 여러분들 가운데 누가 그 문제를 밝혀 낸다면 얼마나 자랑스러울까요.

■ 배수

문제) 417, 8847 는 어떤 수의 배수인가요?

어떻게 풀어야 할지 쉽게 생각이 나지 않을 거예요. 배수를 쉽게 알아보는 방법은 없을까 하는 생각도 하겠죠.

그러면 배수를 쉽게 알아보는 몇 가지 방법을 가르쳐 드리겠습니다.

- **2의 배수**─짝수인 자연수는 모두 2의 배수이다.

  32, 486, 5238 ……
- **3의 배수**─각 자릿수의 합이 3의 배수인 자연수는 모두 3의 배수다.

  $417 \rightarrow 4+1+7=12$(12는 3의 배수이므로 417은 3의 배수)

  $3885 \rightarrow 3+8+8+5=24$(24는 3의 배수이므로 3885는 3의 배수)
- **4의 배수**─끝 두 자리가 00이거나 4의 배수인 자연수는 모두 4의 배수이다.

  1000, 3200, 412 (끝 두 자릿수 12가 4의 배수이므로 412는 4의 배수)
- **5의 배수**─일의 자릿수가 0이거나 5인 자연수는 5의 배수이다.

  10, 310, 815 ……
- **6의 배수**─ 짝수이자 3의 배수인 자연수는 6의 배수이다.

  12, 24, 102, $1008 \rightarrow 1+0+0+8=9$(짝수이면서 3의 배수이므로 6의 배수)

- **8의 배수**—끝 세 자릿수가 000이거나 8의 배수인 자연수는 8의 배수
  이다.

  3000, 328, 816 ……

- **9의 배수**—각 자릿수의 합이 9의 배수인 자연수는 모두 9의 배수이다.

  234 → 2+3+4=9(9는 9의 배수)

  738 → 7+3+8=18(18은 9의 배수)

  8847 → 8+8+4+7=27(27은 9의 배수)

$\sum\limits_{n}^{n}$ 🐹 15. 소인수 분해

점심을 먹은 뒤 4·5·정은 에라스토테네스와 계속 이야기를 했습니다.

에라토스테네스 : 자, 다시 시작해 볼까?

4·5·정 : 어느 부분부터 시작할까요?

에라토스테네스 : 소수를 구하는 방법에 대하여 이야기해 보자. 음, 소수
는 어떻게 구할까? 예를 들어 60이란 숫자는 어떤 소수로 이
루어져 있을까?

4·5·정 : 그건 알아요! 60을 계속 나누어 가면 돼요. 이렇게요.

4·5·정은 공책에다가 다음과 같이 썼습니다.

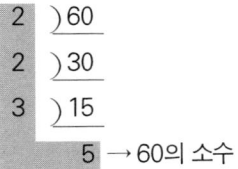

여기 공책에다 쓴 것처럼 60은 2, 2, 3, 5의 곱으로 나타낼 수
있어요. 그러니까 60의 소수는 2, 2, 3, 5가 되는 것이고요.

에라토스테네스 : 그래 맞았어. 그리고 이런 방법도 있지.

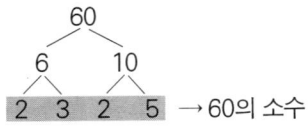

에라토스테네스 : 어때? 곱하기로 생각해도 소수를 쉽게 구할 수 있지?

이와 같이 자연수를 소인수의 곱으로 나타내는 것을 '소인수
분해한다'고 하는 거야.(60=2×2×3×5) 그러면 아까 네가 질
문한 1은 왜 소수 취급을 안 하는지 알아볼까? 만약 1이 소수
라면 어떤 현상이 일어날까? 60이란 수를 다시 생각해 보자.
60을 소인수 분해하면 2×2×3×5가 되지. 그런데 이것을 자
세하게 다시 나누어 보는 거야.

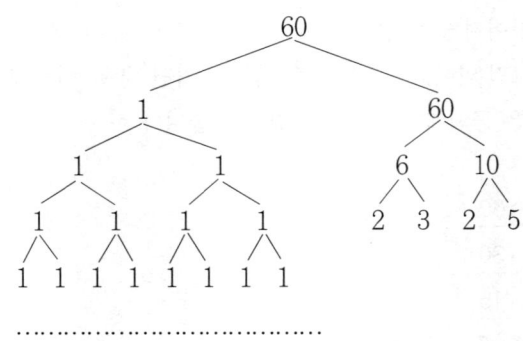

어떠냐? 이 그림에서 보듯이 1을 소수로 인정하면 60은 무수
히 많이 소인수 분해할 수가 있지?(60=2×2×3×5×1×1×
……)

4·5·정 : 어? 진짜 그렇네요.

에라토스테네스 : 그러니까 1은 소수이면서도 소수 취급을 하지 않는 거
다. 알겠니?

4·5·정 : 아하, 그렇구나. 참 좋은 것을 배웠어요. 소수, 약수, 배수 그
리고 소인수 분해에 대해서도 이제는 확실히 알 수 있겠어요.
이제 저는 다음 여행지로 떠날게요.

에라토스테네스 : 그래 부디 몸조심하거라.

4·5·정은 슈퍼보드를 타고 떠나갔습니다.

?÷⁺─(해설) 소인수 분해

1과 그 수 자신 외에는 약수가 없는 수를 소수라 하고, 자연수를 소수의 곱으로 나타내는 것을 '소인수 분해한다'고 했습니다. 그러나 모든 자연수를 소수의 곱으로 나타낼 수 있는 것은 아닙니다. 예를 들면 3, 5, 7 등의 소수는 그 자체가 소수이기 때문에 소수의 곱으로 나타낼 수 없지요. (3=3×1──1은 소수가 아님)

소수의 곱으로 나타낼 수 있는 수를 합성수라고 합니다.(6=2×3, 8=2×2×2──6과 8은 합성수) 그리고 소인수 분해란, 합성수를 분해해서 소수의 곱으로 나타내는 것을 말하며, 이때 하나하나의 소수를 인수라고 합니다.

소인수 분해를 하는 방법은 앞에서 본 것처럼 곱하기를 이용하는 방법, 나누기를 이용하는 방법 두 가지가 있습니다. 여러분이 소인수 분해를 이해하면 분수를 약분할 때, 최대 공약수와 최소 공배수를 구할 때, 유한 소수와 순환 소수를 구별할 때 등 많은 도움을 받을 수 있습니다.

여기서는 분수를 약분할 때 그리고 최대 공약수와 최소 공배수를 구할 때 소인수 분해가 어떻게 쓰이는지를 살펴보도록 하죠.

※ 분수를 약분할 때

문제) $\dfrac{18}{24}$ 을 약분하세요.

각각의 수를 소인수 분해하면 답을 쉽게 구할 수 있습니다.

$$\dfrac{18}{24} = \dfrac{\cancel{2} \times 3 \times \cancel{3}}{\cancel{2} \times 2 \times 2 \times \cancel{3}} = \dfrac{3}{4} \qquad\qquad 정답 : \dfrac{3}{4}$$

※ 최대 공약수와 최소 공배수를 구할 때

문제) 24와 30의 최대 공약수와 최소 공배수를 구하세요.

참고

공약수 — 두 수의 공통 약수

　　예 : 6의 약수 — 1, 2, 3, 6 / 8의 약수 — 1, 2, 4, 8

　　　　두 수의 공약수 — 1, 2

공배수 — 두 수의 공통 배수

　　예 : 2의 배수 — 2, 4, 6, 8, 10, 12, 14, 16, 18 ……

　　　　3의 배수 — 3, 6, 9, 12, 15, 18 ……

　　　　두 수의 공배수 — 6, 12, 18 ……

최대 공약수 — 공약수 가운데 가장 큰 수 (두 수의 공통 약수의 곱)

최소 공배수 — 공배수 가운데 가장 작은 수 (두 수의 모든 약수의 곱)

24와 30을 소인수 분해해 보면 다음과 같습니다.

24 = 2×2×2×3   30 = 2×3×5

앞에서 최대 공약수는 두 수의 공통 약수의 곱이라 했으므로 24, 30의 공통 약수는 2와 3, 그러므로 최대 공약수는 6(2×3)이 됩니다. 또 최소 공배수는 두 수의 모든 약수의 곱이므로 120(2×2×2×3×5=120)입니다.

24 = 2 × 3 × 2 × 2 = 2 × 2 × 2 × 3
30 = 2 × 3 × 5   = 2 ×   3 × 5

↓ ↓   ↓ ↓ ↓ ↓ ↓

2 × 3 = 6   2 × 2 × 2 × 3 × 5 = 120
(최대 공약수)   (최소 공배수)

최대 공약수와 최소 공배수는 다음과 같이 나누기를 해도 구할 수 있습니다.

2) 24   30
3) 12   15
      4   5 → 2×3×4×5 = 120(최소 공배수)

2 × 3=6(최대 공약수)

 **16. 평균**

수학 시험 점수 발표가 있는 날이었습니다.

3·10·법·4 선생님은 성적표를 나눠 주시고 이렇게 말씀하셨습니다.

"우리 반의 평균 점수는 44점이다. 이 평균 점수보다 적은 점수를 받은 학생은 오늘 나머지 공부를 하도록!"

[나머지 공부 시간]

그런데 이게 어찌 된 일입니까? 4·5·정의 반 학생은 10명인데 8명이나 나머지 공부를 하기 위해 남아 있는 게 아닙니까!

4·5·정은 3·10·법·4 선생님께 물어 보았습니다.

4·5·정 : 선생님, 우리 반 학생 10명 가운데 8명이나 반 평균 점수보다 적게 받았는데 어떻게 평균 점수가 44점이나 되는 겁니까?

3·10·법·4 : 그래, 그러면 너희들 점수를 한번 나열해 볼까?

3·10·법·4 선생님은 반 아이들의 점수를 칠판에다 적었습니다.

4·5·정	35점,	김·0·9	30점,	김·0·7	25점
저·8·계	25점,	9·0·탄	35점,	5·0·자	30점
2·3·월	30점,	서·세·8	30점,	손·5·0	100점
2·7·복	100점				

그러니 평균 점수는 $\dfrac{35+30+25+25+35+30+30+30+100+100}{10}$

=44점이지.

4·5·정 : 가만히 생각해 보면 평균 점수가 44점이긴 한데 뭔가 좀 이상해요. (갑자기 생각난 듯) 앗, 그것은 손·5·0과 2·7·복이 100

점을 받았기 때문에 반 평균 점수가 올라간 것 아닙니까?

3·10·법·4 : 그건 그렇지. 여하튼 반 평균 점수는 44점이야.

4·5·정 : 이건 불공평합니다. 공평하게 하기 위해서는 학생들의 점수를 일렬로 나열해 놓고 그 중앙에 있는 값보다 많은 점수를 받은 학생은 나머지 공부에서 제외시켜 주어야 합니다. 반 학생들의 점수를 일렬로 나열하면 100, 100, 35, 35, 30, 30, 30, 30, 25, 25이기 때문에 중앙에 있는 값 30점보다 많은 점수를 받은 저는 당연히 나머지 공부를 하지 않아도 되는 것 아닌가요?

3·10·법·4 : 글쎄. 그럴듯하군. 그러나 그것은 평균값이 아니라 중앙값 이라고 하는 거야. 중앙값은 30점이지만, 내가 이야기한 것은 평균값이지 중앙값이 아니야.

4·5·정 : 제가 나머지 공부를 하지 않아도 되는 이유가 또 하나 있어요. 10명의 점수 가운데 가장 많이 나온 점수는 30점입니다. 그러

니 30점보다 많은 점수를 받은 학생은 나머지 공부에서 제외
시켜 주어야 합니다.

3·10·법·4 : 음. 그것도 맞는 말이지. 4·5·정이 말한 것은 최빈수라고
하는 거야. 4·5·정의 이야기에도 타당성이 있지만 학교에서
는 중앙값 또는 최빈수보다 평균값으로 학급을 평가하지. 이번
시험에도 우리 반의 평균 점수가 전교에서 꼴찌니까 평균 점수
보다 낮은 사람은 당연히 나머지 공부를 해야 한다. 알았나?

?$\overset{\div\,+}{\underset{-}{}}$해설 평균

평균이란 여러 가지 크기의 수량이 있을 때 그것들을 같은 크기의 수량
이 되도록 고르게 한 것을 말합니다.

전체의 합계 ÷ 개수 = 평균

그러나 앞에서 보았듯이 평균에는 어느 정도 함정이 있습니다. 예를
들어 가난한 시골 마을에 억만 장자가 휴양을 왔다고 해 봅시다. 이럴 때
이 마을의 평균 소득은 한 사람의 억만 장자 때문에 높아질 테지만, 이
평균 소득만 보고 이 마을의 대다수 사람이 잘산다고 볼 수는 없겠죠.

이것은 다시 생각하면 대부분이 못사는 사람이어도 극소수의 잘사는
사람 때문에 한 나라의 GNP가 높아질 수도 있다는 것입니다. 이런 예
는 주위에서 쉽게 찾아볼 수 있습니다.

한 회사의 임금 평균이 100만 원인데 대부분의 노동자들은 40만 원을
받고 사장과 몇몇 사람만 고액의 임금을 받는 경우, 또 어느 저수지의
평균 수심이 2m라고 할 때 대부분의 수심은 1m지만 몇 군데 지점만 수
심 10m 이상인 웅덩이가 파져 있을 경우.(이럴 때 평균 수심만 믿고 물놀

이를 하면 굉장히 위험하겠죠?)

이 같은 평균의 함정 때문에 평균과 더불어 중앙값과 최빈수를 알아 둬야 합니다. 물론 중앙값과 최빈수가 평균보다 정확하다고 볼 수는 없지만 경우에 따라서는 평균보다 더욱 유용할 수 있으니까요.

100, 100, 35, 35, 30, 30, 30, 30, 25, 25

중앙값 : 여러 수치를 차례로 늘어놓았을 때 한가운데 있는 값 → 30

그러므로 중앙값은 30, 30(짝수일 때는 중앙값이 2개, 홀수일 때는 1개)

최빈수 : 여러 수치 가운데 가장 많이 나온 숫자 → 30

100─2번, 35─2번, 30─4번, 25─2번, 그러므로 최빈수는 30.

17. 어림수

3·10·법·4 : 오늘 화장실 청소는 어제 수학 시험에서 35점 이하를 받은
사람이 한다.

4·5·정 : 가만, 가만. 35점 이하면 35점을 받은 나는 화장실 청소를 해
야 하나, 말아야 하나? 에이, 모르겠다. 집에나 가자.

〔다음날〕

3·10·법·4 : 어제 4·5·정은 왜 화장실 청소를 안 했지?

4·5·정 : 저는 수학 시험에서 35점을 받았잖아요.

3·10·법·4 : 그러니 당연히 화장실 청소를 했어야지.

4·5·정 : 35점 이하라면 35점도 포함되는 거예요?

3·10·법·4 : 당근이지.

4·5·정 : 그러면 35점이 포함되지 않은 35점 밑에 있는 수들은 무엇이라고 하나요?

3·10·법·4 : 그건 미만이라고 하는 거야.

4·5·정 : 그러면 35점을 포함하고 그 위에 있는 수는요?

3·10·법·4 : 그건 이상이라고 하지. 또 35점을 포함하지 않고 그 위에 있는 수는 초과라고 하는데, 이것을 한번 직선상에 나타내 볼까?

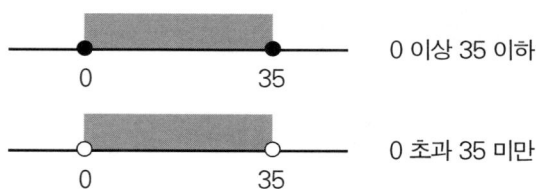

3·10·법·4 : 이제 알겠지? 그럼 오늘 화장실 청소는 4·5·정 혼자서 하도록.

4·5·정 : 으윽.

?÷+⊸(해설) 어림수

우리는 생활 속에서 '약 얼마'라는 말을 많이 씁니다. "우리 나라 인구는 약 4000만 명이야", "그 날 집회에는 약 100명이 모였대" 하는 식으로 말이죠. 이렇듯 정확한 수 값을 쓰지 않는 대강의 수를 '어림수'라고 합니다.

어림수를 이야기할 때는 참값과 근사값을 알아야 합니다. 참값은 어떠한 물건의 정확한 실제의 길이나 무게를 말하는 것이고, 근사값은 실

제의 길이나 무게(다시 말해 참값)에 가까운 값입니다. 한 마을의 인구가 112명인데 약 100명이라고 하는 것은 근사값이고, 112명이라고 정확하게 말하는 것은 참값입니다.

어림수는 근사값으로 이루어진 수들이죠. 그렇다면 어림수는 어떻게 만들까요? 한 마을의 인구가 1500명인데 1000까지를 어림수로 나타낸다면 약 2000명이라고 해야 할까요? 아니면 1000명이라고 해야 하나요? 답은 2000명입니다. 반올림을 한 값이죠. 일반적으로 쓰고 있는 어림수는 반올림을 사용하기 때문에 답을 2000명이라고 한 것입니다.

어림수를 만드는 방법에는 반올림, 올림, 버림 세 가지가 있습니다.

반올림은, 구하고자 하는 자릿수의 한 자리 아래 수가 0, 1, 2, 3, 4 이면 구하려고 하는 자리의 수는 그대로 두고 5, 6, 7, 8, 9 이면 구하려고 하는 자릿수를 1만큼 크게 하는 방법을 말합니다.

올림은, 구하려는 자리 미만의 수를 1로 보아 1을 구하려는 자리에 더하여 나타내는 방법이며, 그와 반대로 구하려는 자리 이상의 수는 그대로 두고 구하려는 자리보다 아래 자리의 수를 모두 0으로 하는 방법을 버림이라고 합니다.

다시 말하면 올림은 0을 제외한 1부터 9까지 어떤 수가 오더라도 그 앞자리 수에 1을 더하는 것이고(예 : 11~19의 십의 자리까지 어림수는 모두 20이다), 버림은 이와 반대입니다.(예 : 11~19의 십의 자리까지 어림수는 모두 10이다) 또한 반올림의 경우 5 이상일 때는 앞자리 수에 1을 더하고 그 이하일 때는 1을 더하지 않습니다.(예: 10, 11, 12, 13, 14의 십의 자리까지 어림수는 10이고 15, 16, 17, 18, 19의 십의 자리까지 어림수는 20이다)

그래프로 나타내 보면 다음과 같습니다.

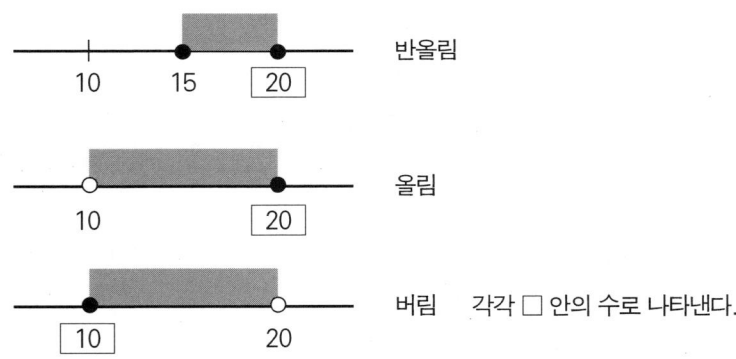

■ 어림수가 나타내는 수의 범위

수의 범위를 나타내는 데는 이상, 이하, 초과, 미만을 사용합니다. 그러면 어림수가 나타내는 수의 범위를 알아볼까요?

1의 자리를 반올림한 20의 어림수가 있다고 가정하면 이 수는 15,

16, 17, 18, 19, 20, 21, 22, 23, 24 가운데 하나가 되겠지요. 다시 말해 어림수 20의 참값은 15 이상 25 미만의 수의 범위 안에 포함되어 있는 것입니다.

반올림한 어림수 20의 참값 범위

부등식 $15 \leqq x < 25$ 15 이상 25 미만

그래프

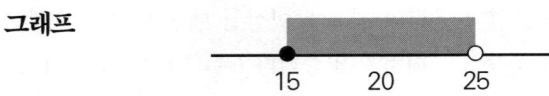

또한 올림한 어림수 20의 참값 범위는 11부터 20까지이므로 10 초과 20 이하인 수입니다.

올림한 어림수 20의 참값 범위

부등식 $10 < x \leqq 20$ 10 초과 20 이하

그래프

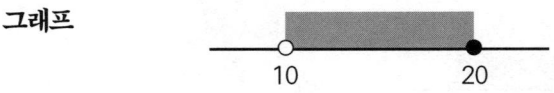

반대로 버림한 20 어림수의 참값 범위는 20 이상 30 미만의 수겠죠.

버림한 어림수 20의 참값 범위

부등식 $20 \leqq x < 30$ 20 이상 30 미만

그래프

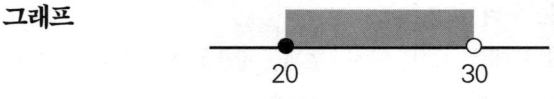

좀 어려운가요? 그래도 포기하지 말고 천천히 다시 한 번 읽어 보세

요. 알고 보면 누구나 쉽게 이해할 수 있는 이야기니까요. 그리고 어림수는 일상 생활에서 많이 쓰이는 것이므로 잘 알아 두면 좋습니다.

■ 1과 1.0은 같은 뜻인가?

1과 1.0은 엄밀히 말하여 같은 뜻이 아닙니다. 이 문제를 이해하기 위해서는 어림수에 대하여 알고 있어야 해요. 물론, 다 알고 있겠죠?

0.5를 반올림 하면 1이 됩니다. 소수점 첫째 자리에서 반올림한 값이죠. 그렇다면 1.0은 소수점 둘째 자리에서 반올림해야 하겠죠. 1.0이란 수의 범위는 0.95 이상 1.05 미만이 되는 것이니까요.

기억하세요. 1이라 하면 0.5 이상 1.5 미만의 범위 안에 있지만, 1.0이라 하면 0.95 이상 1.05 미만의 범위 안에 있는 수를 말하는 것입니다.

$$0.5 \leq 1 \lt 1.5 \qquad 0.95 \leq 1.0 \lt 1.05$$

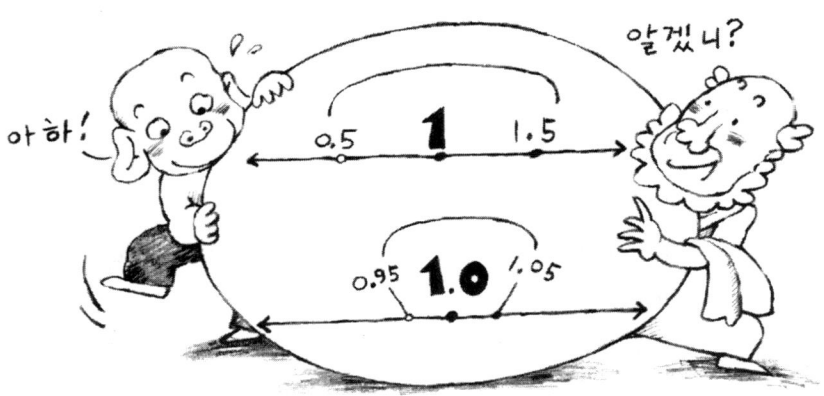

$\sqrt[n]{\infty}$ 18. 확률

4·5·정의 집에 손·5·0이 놀러 왔습니다. 그런데 갑자기 손·5·0이 4·5·정한데 내기를 하자고 제안했습니다.

손·5·0 : 너 얼마 있어?

4·5·정 : 200원.

손·5·0 : 그래? 그러면 나도 200원 있으니까 우리 내기를 해서 이기는 사람이 이 돈을 다 갖기로 하자.

4·5·정 : 그래 좋아. 그런데 어떤 내기를 하지?

손·5·0 : 동전 던지기를 해서 세 번 먼저 이기는 사람이 400원을 다 갖는 건 어때?

4·5·정 : 좋아.

그래서 동전 던지기를 한 결과 손·5·0이 두 번, 4·5·정이 한 번 이겼습니다. 스코어는 2 : 1. 이제 손·5·0은 한 번만 이기면 되고 4·5·정은 두 번을 연거푸 이겨야 합니다. 그런데 갑자기 손·5·0이 배가 아프다고 데굴데굴 구르는 것이었습니다. 결국 손·5·0은 병원에 실려 갔지요.

다음날 4·5·정은 병원으로 손·5·0을 찾아갔습니다.

손·5·0 : 어제 내가 2 : 1로 이겼으니까 그 돈 400원은 내 돈이지?

4·5·정 : 어허, 앞일은 모르는 법인데 어떻게 네가 이겼다고 단정하니? 그러니까 이건 없었던 일로 하고 돈을 반씩 나눠 갖자.

손·5·0 : 아니? 왜 반씩 나눠! 나누려면 한 번 더 이긴 내가 더 많이 가져야지.

병원에 부모님들도 계시고 해서 계속 시합은 할 수 없었고 결국 4·5·정은 이 문제를 확률론을 확립한 프랑스의 수학자 파스칼(1623~

1662)에게 물어 보기로 했습니다.

파스칼 : 만약에 시합이 계속되어 한 번 더 동전을 던진다고 가정해 보
자. 이때 손·5·0이 이기면 400원을 다 가지면 되고, 손·5·0이
지면 동점이니까 200원씩 나누면 되지. 그러니 손·5·0은 동전
을 한 번 던질 경우 지든 이기든 최소한 200원은 확보하고 있으
니까 먼저 손·5·0에게 200원을 주면 되겠지.

4·5·정 : 그러면 나머지 200원은요?

파스칼 : 그 돈은 만약에 손·5·0이 져 2 : 2가 되면 그 다음 판에 이기는
사람이 다 가지면 되는데 이때의 확률은 $\frac{1}{2}$이야. 그러니까 나
머지 200원을 반씩 나누어 가지면 되겠지. 그러므로 손·5·0은

200원에 100원을 더한 금액, 300원을 가지고 4·5·정은 100원을 가지면 되는 거야.

?—해설 확률 1

앞 이야기는 17세기 프랑스에 살았던 한 도박사가 파스칼에게 던진 질문과 파스칼의 대답을 인용한 것입니다. 이 이야기는 확률론을 발전시킨 결정적인 일화로 알려져 있습니다.

그 이유는 파스칼이 이 문제(두 사람의 경기자가 일정한 점수를 따야 승부가 결정나는 경기에서 중간에 시합을 그만둘 경우 판돈은 어떻게 분배해야 하는가의 문제)에 대하여 많은 연구를 하여 확률론의 기초인 조합이론과 더 나아가서는 유명한 파스칼의 삼각형을 만들어 낼 수 있었으니까요.

여기에서 여러분은 "그렇다면 확률론은 도박에서부터 출발하고 발전하였는가?"라는 질문을 던질 것입니다. 좀 엉뚱한 결합 같지만 확률은 도박에서부터 시작하고 발전했다는 것이 맞는 말입니다.

확률론의 시작은 이탈리아의 수학자 카르다노(1501~1576)부터인데 그가 확률에 대하여 쓴 책의 이름은 『기회의 게임 독본』이었으며 이 책은 도박을 위해 쓰여진 것이었습니다.

※ 카르다노는 그때까지 여러 수학자들이 연구하고 있었던 3차 방정식의 해법을 수학자 타르탈랴에게서 훔쳤다고 하여 후세에 사기꾼 수학자로 통하고 있답니다.

■앞 이야기의 수학적 계산 방법

＊손·5·0이 경기에서 이길 경우

① 동전을 한 번 던져 이길 경우, 이때의 확률＝$\frac{1}{2}$

② 동전을 한 번 던져 지는 경우, 이때의 확률＝$\frac{1}{2}$ 그 다음 동전을 던져 이길 경우, 이때의 확률＝$\frac{1}{2}$,

결국 $\frac{1}{2} \times \frac{1}{2} = \frac{1}{4}$

따라서 손·5·0이 경기에서 이길 확률은 ①과 ②의 경우이므로 확률은 $\frac{1}{2} + \frac{1}{4} = \frac{3}{4}$ 이다.

손·5·0이 가져갈 돈은 400원× $\frac{3}{4}$ = 300원이 되는 셈.

?÷—+∰ 확률 2

여기서는 확률의 몇 가지 기초 지식을 알아보도록 하겠습니다. 확률은 이렇게 정의할 수 있지요. "어떤 실험에서 일어나는 각 경우의 일어날 가능성이 같을 때, 일어나는 모든 경우의 수에 대한 어떤 특정한 사건이 일어날 경우의 수의 비율을 그 특정한 사건이 일어날 확률(수학적 확률)이라고 한다."

$$확률 = \frac{특정한\ 사건이\ 일어날\ 경우의\ 수}{일어날\ 모든\ 경우의\ 수}$$

그렇다면 경우의 수에 대해 알아야 확률을 이해할 수 있겠죠. 일정한 조건을 가지고 반복하는 실험을 '시행'이라고 하고, 시행의 결과 나타나는 현상을 '사건'이라고 합니다. 경우의 수는 각 사건이 일어나는 경우에 대한 가짓수를 말하는 것입니다.

좀 거창하게 설명했지만, 단순한 예를 들면 동전 던지기를 할 때 나오는 경우의 수는 앞면, 뒷면 두 경우밖에 없기 때문에 경우의 수는 2입니다. 그러면 주사위는 1부터 6까지 있으니까 경우의 수가 6이 되겠지요.

아래 그림에서 4·5·정이 학교에서 집으로 갈 수 있는 경우의 수는 ⓐ ⓑⓒ 세 경우이므로 경우의 수는 3, 또 가위바위보 놀이를 할 때 한 사람이 낼 수 있는 경우의 수는 가위, 바위, 보 세 경우이므로 경우의 수가 3이 됩니다.

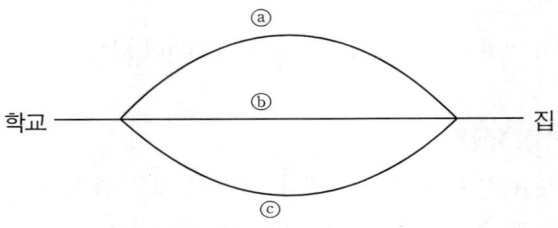

확률은 일어날 수 있는 모든 경우의 수에 대한 특정한 사건이 일어날 수 있는 경우의 수라고 했습니다. 그러니까 앞의 예에서 동전을 던져 일어날 수 있는 모든 경우의 수는 앞면과 뒷면 두 경우이므로 경우의 수는 2가 됩니다. 그런데 이때 특정한 사건, 예를 들면 앞면이 나올 경우의 수는 1이므로 동전을 던져 앞면이 나올 확률은 $\frac{1}{2}$이 되는 것이죠.

동전을 한 번 던져 앞면이 나올 확률

$$\text{확률} = \frac{\text{동전을 던져 앞면이 나올 경우의 수}}{\text{동전을 던져 일어날 수 있는 모든 경우의 수}} = \frac{1}{2}$$

Σⁿ 🦫 19. 미터법

18세기 말(1790년)에 프랑스 국회 의원 탈레랑은 국회에서 세계의 공통 단위에 대하여 문제를 제기하고 의원들과 토론을 벌이고 있었습니다.

탈레랑 : 세계에는 40개 이상이나 되는 많은 단위들이 혼용되고 있다는 것을 여러분은 알고 계십니까? 영국, 미국 등지에서 길이는 야 드, 무게는 파운드, 한국이란 나라에서는 길이는 척(尺), 무게 는 관(貫) 이런 식으로 쓰고 있습니다.

먹었슈아 의원 : 오호.

탈레랑 : 지금이 어떤 시대입니까? 이제 19세기를 앞두고 무역이 활발하 게 이루어지는 시기 아닙니까? 그런데 나라마다 쓰는 단위가 이렇게 틀리니 그 불편함이 오죽하겠습니까?

먹었슈아 의원 : 옳은 말이네. 그렇다면 대체 이를 어떻게 하면 좋겠소?

탈레랑 : 세계 공통 단위를 만듭시다.

먹었슈아 의원 : 아, 그럽시다. 한번 만들어 봅시다.

그래서 계량 제도의 통일을 위한 연구회가 12명으로 조직되어 이 문 제에 대하여 다시 논의하기 시작했습니다.

배부르슈아 의원 : 단위를 통일하자면 기준으로 삼을 길이가 있어야 하는 데 그 기준을 무엇으로 정하지요?

여러 가지 의견을 나눈 결과 다음 세 가지 가운데 하나를 길이의 단위 로 선택하기로 결정했지요. 그 세 가지 안이란 다음과 같습니다.

첫째 — 주기가 1초인 시계추의 길이

둘째 — 지구 적도의 길이

셋째 — 지구 자오선(북극과 남극을 잇는 큰 원) 길이의 4000만 분의 1

못먹었슈아 의원 : 첫째 것을 길이의 단위로 정하기에는 무언가 부족한 것 같은데……. 왜냐하면 길이의 단위를 정하는 데 시간이란 개념이 포함되면 혼란을 가져올 수 있기 때문이지요.

배부르슈아 의원 : (무릎을 치며) 맞는 말입니다! 에, 그리고 두번째 안도 지구 적도의 길이를 실제로 측량하기가 어려우므로 세번째 안을 길이의 단위로 택하는 것이 어떻겠소?

탈레랑 : 굿 아이디어! 그럼, 길이의 단위는 지구 자오선 길이의 4000만분의 1, 다시 말해 북극에서부터 적도에 이르는 자오선 길이의 1000만분의 1로 정합시다. 그리고 단위는 그리스어로 '잰다'는 뜻인 미터로 읽고 그 표시는 m으로 합시다.

모인 사람들 : 좋소, 좋소. 그렇다면 무게의 단위는?

배부르슈아 의원 : 무게의 단위는 1미터의 10분의 1의 길이를 한 변으로 하는 정육면체와 같은 순수한 물의 무게를 기준으로 삼읍시다. 단위는 킬로그램으로 읽고 표시는 kg으로 하구요.

모인 사람들 : 좋소이다.

못먹었슈아 의원 : 가만 가만. 무게의 단위에는 무언가 덧붙여야 할 말이 있을 것 같은데. 왜냐하면 말입니다. 물은 온도에 따라 부피가 달라지지 않습니까?

배부르슈아 의원 : 아, 그렇지. 그렇다면 물의 부피가 가장 낮을 때인 섭씨 3.98도의 순수한 물을 기준으로 합시다.

못먹었슈아 의원 : 오, 좋소이다. 그럼 이제 다 끝난 건가?

허기졌슈아 의원 : 아니죠. 우리가 이렇게 정했다고 해도 다른 사람들이 "1m가 지구 자오선의 4000만분의 1인데 대체 그게 얼마만한 크기요?" 하고 물어 보면 어떻게 대답하겠소?

못먹었슈아 의원 : 음, 그렇군. 지구의를 갖다 놓고 일일이 확인시켜 줄 수도 없는 일이고.

배부르슈아 의원 : 그러니 기준이 될 만한 물건을 만들어 보관해 둡시다. 그리고 그것을 만드는 데 쓰이는 원료는 온도에 따라 변해도

안 되고 굽거나 닳는다든가, 늘거나 줄거나 하지 말아야겠죠.

못먹었슈아 의원 : 그럼, 기술자들을 불러 기준이 되는 물건을 만들도록 지시하겠소.

기술자들은 백금과 이라듐의 합금으로 미터와 킬로그램의 기준이 되는 물건을 만들었습니다. 백금과 이라듐의 합금은 온도에 따른 변화가 가장 적은 금속이랍니다.

?⊷해설 미터법

미터법의 시작은 앞 이야기에서 살펴보았듯이 프랑스의 국회 의원 탈레랑이 당시까지 세계적으로 400개 이상의 단위가 혼용되는 불편함을 없애기 위해 의회에 제안한 것이 출발점이 되었습니다.

척관법(자, 관, 말)
야드 · 파운드법(야드, 파운드, 갈론) ⎤→ 미터법으로

그 뒤 1875년 국제적인 미터 조약이 체결되었지요. 우리 나라는 1959년 회원국이 되었으며 1964년 1월 1일부터는 미터법의 단위만을 사용하도록 법률로 정하였습니다.

앞에서 기준이 될 만한 물건(미터 원기라고 함)을 백금과 이라듐의 합금으로 만들었다고 했는데, 그 뒤 1960년 제11회 도량형 회의에서 1미터의 기준을 크립톤 86이라는 원소가 내는 빛의 파장의 1650763.73배로 하기로 고쳐 정하였습니다. 1m라는 길이는 그대로인데 왜 이렇게 고친 걸까요? 그 이유는 금속은 완전 불변한 것이 아니기 때문입니다.

미터법의 구조는 다음과 같습니다.

단위	계량	길이	무게(1)	무게(2)	들이액량	넓이면적	부피체적
1000000	메가 M	Mm	Mg	Mt	Ml	Ma	
100000	헥토킬로						
10000	$myria$						
1000	킬로 k	km	kg	kt	kl	(km^2)	(km^3)
100	헥토 h	hm	hg			ha	
10	데카 D	Dm	Dg				
1	미터	m	g	t	l	$a\,(m^2)$	(m^3)
$\frac{1}{10}$	데시 d	dm	dg		dl	(dm^2)	
$\frac{1}{100}$	센티 c	cm	cg			(cm^2)	(cm^3) (cc)
$\frac{1}{1000}$	밀리 m	mm	mg		ml	(mm^2)	(mm^3)
$\frac{1}{10000}$	데시밀리						
$\frac{1}{100000}$	센티밀리						
$\frac{1}{1000000}$	마이크로 μ	μm	μg		μl		

미터 원기

킬로그램 원기

파리 국제 도량형국에 보관되어 있다.

미터법은 다른 계량법에 비해 정확한 기준이 있고 또 10진법을 사용하고 있기 때문에 이해하기 쉽고 사용하기 편리하다는 점에서 우수성을 인정받고 있습니다.

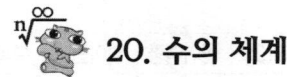

4·5·정은 꿈을 꾸었습니다. 끝없는 길을 걸어가려고 노력하고 있었지요. 꿈속의 길은 …… -4, -3, -2, -1, 0, 1, 2, 3, 4 ……이런 식으로 이루어져 있었습니다. 4·5·정은 0의 위치에 서 있었지요. 0과 1이라는 숫자 사이는 텅 비어 있는 낭떠러지였습니다. 그렇다고 껑충 뛰어 가기에는 너무나 멀었지요. 4·5·정은 앞으로도 뒤로도 갈 수 없는 처지였습니다. 바로 이때 수학 귀신이 짠 하고 나타났습니다.

수학 귀신 : 왜 그렇게 멍청하게 서 있니?

4·5·정 : 내 위치에서 앞으로도 뒤로도 갈 수가 없어.

수학 귀신 : 네가 밟고 있는 수들은 정수(…… -4, -3, -2, -1, 0, 1, 2, 3, 4

……)인데 정수만 가지고는 길을 만들 수가 없지. 내가 마술을
부리면 길이 만들어지는데 도와 줄까?

4·5·정 : 그래, 빨리 좀 도와 줘.

수학 귀신 : 좋아. 그러면 분수들로 빈 공간을 채울게.

수학 귀신이 마술 지팡이를 한 번 돌리자 수없이 많은 분수들이 빈 공
간을 채워 나가기 시작했습니다. 그래서 4·5·정은 앞으로 나갈 수 있게
되었습니다. 그런데 얼마 가지 않아 커다란 웅덩이가 나타나는 것이 아
닙니까? 앞을 내다보니 저만치에도 웅덩이가 있고 또 얼마큼 지난 뒤에
도 웅덩이가 있고, 그리고 또 그 앞에도……. 웅덩이는 길의 중간중간에
끝없이 패여 있었습니다.

4·5·정 : 아니, 이 웅덩이들은 대체 뭐야. 분수로도 이 길을 다 채울 수
가 없단 말이야?

수학 귀신 : 그래 맞아. 분수를 가지고도 이 길을 다 채울 수가 없지.

4·5·정 : 그렇다면 이 웅덩이를 메울 만한 수는 없을까?

수학 귀신 : 물론 있지. 무리수로 웅덩이를 채울 수가 있어.

4·5·정 : 무리수가 대체 뭔데?

수학 귀신 : 무리수는 순환하지 않는 무한 소수를 말하는 거야. 원주율
을 나타내는 π, $\sqrt{2}$ 등이 대표적인 무리수지.

4·5·정 : 그러면 무리수로 이 웅덩이를 메워 줘.

수학 귀신 : 알았어.

수학 귀신이 마술 지팡이를 한 번 더 돌리자 웅덩이들은 모두 무리수
로 채워졌습니다. 이제 4·5·정이 가는 길은 고속도로처럼 곧게 뻗은
길이 되었지요. 그러나 아무래도 길의 끝은 보이지 않았습니다. 그래서
4·5·정은 다음날 어머니가 깨울 때까지 계속 걸어가야만 했습니다.
휴~.

? ÷ ＋ 해설 수의 체계

초등학교에 들어가면 자연수 즉 1, 2, 3, 4, 5 …… 를 배웁니다. 그런 다음에 0과 음수(-1, -2, -3, -4, -5 ……) 등을 배우지요. 그러면 그 뒤에는 어떤 수를 배울까요? 분수($\frac{1}{2}$, $\frac{1}{3}$, $\frac{1}{4}$ ……)와 소수(0.1, 0.2, 0.3, 0.4 ……)를 배우게 됩니다.

아무거나 먼저 배우면 되지 꼭 그렇게 순서를 지키면서 공부해야 하는 이유가 뭐야? 하고 여러분들이 뾰로통해 있을지 모르겠군요. 그런데 이러한 학습 방법은 수의 체계에 기초를 둔 것이랍니다. 공부는 체계적으로 해야 기초부터 튼튼할 수 있으니까요.

수의 포함 관계를 그림으로 그려 보면 다음과 같습니다.

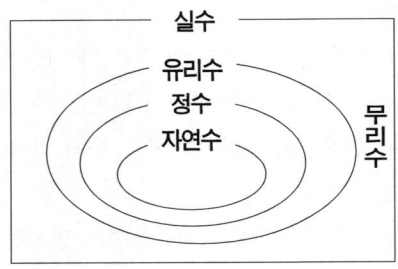

- **자연수** : 자연수는 양의 정수라고도 합니다.

    1, 2, 3, 4, 5 ……

- **정수** : 정수는 음의 정수(…… -4, -3, -2, -1), 0, 양의 정수(1, 2, 3, 4……)를 통틀어 말합니다.

    …… -4, -3, -2, -1, 0, 1, 2, 3, 4 ……

- **유리수** : 유리수란 분수로 나타낼 수 있는 수를 말합니다. 정수도 분수로 나타낼 수 있으니까 유리수라고 할 수 있겠죠.

    예 : $1 = \dfrac{1}{1} = \dfrac{2}{2} = \dfrac{3}{3}$, $2 = \dfrac{4}{2} = \dfrac{6}{3} = \dfrac{8}{4}$

    또 앞에서 배웠듯 유한 소수와 순환하는 무한 소수도 분수로 나타낼 수 있으니까 유리수라고 할 수 있습니다.

    예 : $\dfrac{1}{3} = 0.333$ ……, $\dfrac{1}{2} = 0.5$

    …… $-2(-\dfrac{4}{2})$, $-\dfrac{3}{2}(-1.5)$, $-1(-\dfrac{2}{2})$, $-\dfrac{1}{2}(-0.5)$

    0, $\dfrac{1}{2}(0.5)$, $1(\dfrac{2}{2})$, $\dfrac{3}{2}(1.5)$, $2(\dfrac{4}{2})$ ……

- **실수** : 실수란 유리수와 무리수(π, $\sqrt{2}$, $\sqrt{3}$ 등)를 더한 것을 말합니다.

    $-\pi$, $-2(-\dfrac{4}{2})$, $-\sqrt{3}$, $-\dfrac{3}{2}(-1.5)$, $-\sqrt{2}$, $-1(-\dfrac{2}{2})$, $-\dfrac{1}{2}(-0.5)$, 0,

    $\dfrac{1}{2}(0.5)$, $1(\dfrac{2}{2})$, $\sqrt{2}$, $\dfrac{3}{2}(1.5)$, $\sqrt{3}$, $2(\dfrac{4}{2})$, π ……

※ 자연수(양의 정수) ⊂ 정수(음의 정수, 0, 양의 정수) ⊂ 유리수(정수, 분수, 유한 소수, 순환 소수) ⊂ 실수(유리수, 무리수)

직선은 점들의 집합입니다. 이 직선을 빈틈없이 채울 수 있는 것이 실수이고요. 4 · 5 · 정이 걸어가던 꿈속의 길이 빈틈없이 이어질 수 있는 것도 다 실수 덕택이지요.

■4·5·정 생각

앞의 이야기를 읽고 여러분은 자칫 유리수가 무리수보다 많다고 생각하겠지만 사실은 무리수가 유리수보다 많다. 앞 이야기의 초점은 수의 체계에 대해 이해하기 쉽게 하기 위해 쓰여졌으므로 이 점에 착오가 없기를 바란다.

3장 도형의 나라

기하학이란 무엇일까요?

　기하학이란 사물의 모양·크기·위치 등을 비롯해 일반적으로 공간에 관한 성질을 연구하는 수학입니다. 여러분이 교과서에서 배운 삼각형, 사각형, 오각형, 입체 도형 등 도형에 관해 연구하는 학문이 기하학의 대표적인 경우죠.

　기하학을 영어로는 지오메트리(geometry)라고 하는데 '지오(geo)'는 토지, '메트리(metry)'는 측량한다는 뜻이므로 기하학이라는 말은 '토지를 측량한다'는 뜻입니다.

$\sum_{}^{n}$ 1. 기하학의 시초

4·5·정은 다시 타임 머신을 타고 고대 이집트로 날아갔습니다. 이집트 지역은 황량한 사막으로 이루어져 있었습니다. 그런데 놀랍게도 그 사막 가운데 나일강이라는 거대한 강이 흐르고 있지 뭐예요. 4·5·정은 생각했습니다.

　'숫자의 비밀만큼이나 신기한 일이구나.'

　어느 날 큰 홍수가 나서 나일강의 물이 갑자기 불어났습니다. 그래서 농토가 물에 잠겨 버리는 일이 생겼습니다.

　4·5·정은 지나가는 농부에게 물어 보았습니다.

4·5·정 : 아저씨, 홍수가 나서 농토가 물에 다 잠겨 버렸으니 어떡해요?

농부 : (웃으며) 걱정할 필요 없단다. 해마다 일정한 시기가 되면 위쪽의
　　　 얼음이 녹아 대홍수가 일어나지. 하지만 위쪽의 비옥한 토양도
　　　 함께 날라다 주어 우리 땅을 더욱 기름지게 만들어 준단다.

4·5·정 : 어, 그렇지만 농토의 경계선이 다 지워져 버렸으니 자기 땅이
　　　　 얼마나 되는지 알 수가 없잖아요?

농부 : 그것 또한 걱정하지 않아도 된단다. 우리 나라는 토지 측량술이
　　　 발달해 있거든.

4·5·정 : 아하, 그렇다면 삼각형, 사각형 등 도형에 대한 연구는 고대 이
　　　　 집트로부터 생겨났군요.

농부 : 고놈. 보기보다 똑똑하구먼.

4·5·정 : (되돌아오며 혼잣말로) '필요는 발명의 어머니'라는 말이 있다.

만약 나일강이 해마다 홍수를 일으켜 농토의 경계선을 지워 버리지 않았다면 기하학의 발전은 훨씬 뒤에 이루어졌을지 모른다. 그러니 나일강은 이집트 사람뿐 아니라 수학을 아는 모든 사람들에게는 신이 내린 축복의 강이라 할 수 있지 않을까?

?÷÷해설 기하학의 시초

고대 이집트에서 싹트기 시작한 기하학은 그리스에 가서 이론적으로 빛을 보게 되었습니다. 그리스 사람들은 이집트로 건너가 그들의 지식을 배웠고 거기서 그친 것이 아니라 이론적으로도 발전시켜 나갔습니다. 탈레스, 피타고라스, 플라톤, 유클리드, 아르키메데스 등이 다 그리스 사람들이죠. 그렇다면 기하학이 그리스에서 더욱 빛을 내게 된 원인은 무엇일까요?

그것은 그리스 사람들이 대화를 통하여 학문의 발전을 도모했기 때문입니다. 대화를 통해 남을 설득시키기 위해서는 당연히 이론이 완벽해야 했죠. 그래야 사람들을 더 잘 설득할 수 있으니까요. 그리스 사람들은 수학의 지식을 '정의'와 '증명' 등을 도입해 체계화하는 일에 노력을 아끼지 않았습니다. 그러니 수학이 발달할 수밖에 없었겠지요?

바로 이런 점들이 이집트보다 그리스에서 수학이 더욱 발전한 원동력이 되었답니다.

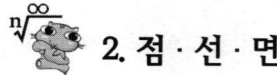 ## 2. 점·선·면

"오늘 수학 시간에 배울 항목은 도형입니다."

3·10·법·4 선생님이 교실로 들어오시더니 칠판에 다음과 같이 쓰셨습니다.

3·10·법·4 : 점이 움직이면 하나의 선이 되고 선이 움직인 자취는 면이 된다. 또 선에는 구부러진 곡선과 곧은 직선이 있고 면에는 평 평한 평면, 그리고 울퉁불퉁하거나 둥그스름한 곡면이 있다.

　　4·5·정은 공책에다 점·선·면을 그렸습니다.

3·10·법·4 : (4·5·정 공책을 보더니) 너 지금 장난하니? 점·선·면을 그렇게 크게 그리면 어쩌란 말이냐?"

4·5·정 : (머리를 긁적거리며) 점·선·면의 기준은 어떤 건데요?

3·10·법·4 : 점·선·면을 정의하자면 점은 크기가 없는 것, 선은 폭이 없는 것, 면은 두께가 없는 것이라고 할 수 있지. 그러니까 네가 그린 것은 점·선·면이라고 하기에는 너무 크지 않니?

4·5·정 : 선생님이 칠판에 그리신 점 · 선 · 면의 그림도 확대경으로 보면 크기가 있지 않나요?

3·10·법·4 : 참 좋은 질문이군. 우리가 크기나 형체를 생각할 수 없는 것들을 수라는 기호를 써서 나타내는 것처럼 점 · 선 · 면도 하나의 기호로 표현하는 거란다. 말하자면, 상상 속의 도형이라고나 할까? (스스로 감동하며) 내가 생각해도 멋진 말이군. 상상 속의 도형이라…….

그럼, 다시 한 번 점 · 선 · 면을 정리해 볼까요?

점 : 위치만 있고 크기를 생각하지 않는다.

선 : 길이만 있고 너비를 생각하지 않는다.

면 : 넓이만 있고 부피는 생각하지 않는다.

?≐±해설 점 · 선 · 면

기원전 300년대에 살았던 유클리드는 그때까지 나와 있던 수학의 연구 자료들을 모아 하나의 책으로 완성했는데 그것이 바로『원론』입니다.

『원론』은 오늘날까지도 기하학의 교과서라고 할 만큼 수학을 공부하는 사람들이 꼭 읽어야 하는 지침서가 되어 있죠. 왜냐하면『원론』은 논리적이고 체계적이거든요. 앞에서 보았던 점 · 선 · 면의 기준도 유클리드의『원론』에 정의된 것입니다.

그렇다면 사람들이 그때까지도 점 · 선 · 면을 모르고 있었냐구요? NO! 아닙니다. 당연히 알고 있었죠. 그러나 유클리드는 당연히 알고 있는 것까지도 더 깊이 연구하여 다른 사람들이 쉽고 체계적으로 공부할 수 있도록 했답니다. 바로 이 점이 유클리드의『원론』이 갖는 우수성이기도 하지요.

■4·5·정 생각

점 · 선 · 면에 대하여 이해가 잘 안 가는 사람도 있을 것이다. 그러나 너무 그것에 집착할 필요는 없다. 왜냐하면 점 · 선 · 면이란 어차피 상상 속에 그려진 도형을 기호로 나타낸 것에 지나지 않기 때문이다. 1, 2, 3, 4 ……라는 수 자체가 우리들 상상 속에 그려진 기호인 것처럼 말이다.

예를 들어 여러분이 원을 아주 커다랗게 그려 놓고 '이것은 원을 그린

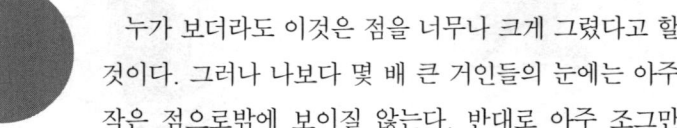

것이 아니라 점을 그린 것이다'라고 생각해 보자.

누가 보더라도 이것은 점을 너무나 크게 그렸다고 할 것이다. 그러나 나보다 몇 배 큰 거인들의 눈에는 아주 작은 점으로밖에 보이질 않는다. 반대로 아주 조그만

점을 그렸다고 해 보자. 그렇지만 이것을 현미경으로 보면 커다란 원으로 보일 것이다. 우리 눈에는 커다란 원으로 보이지만 거인의 눈으로 볼 때는 그저 작은 점인 것처럼 말이다. 『걸리버 여행기』의 거인국, 소인국을 생각해 보면 금방 이해가 될 것이다.

그렇기 때문에 우리는 점·선·면이라고 할 때 크기를 생각하지 않는다.

✏ 3. 삼각형

3·10·법·4 : 삼각형의 세 내각의 합은 180°란다. 그러면 사각형의 내각
의 합은 몇 도가 될까?

4·5·정 : 잘 모르겠는데요.

3·10·법·4 : 그럴 줄 알았지. 잘 들어 사각형의 내각의 합은 360°이다.

4·5·정 : 그걸 어떻게 알지요?

3·10·법·4 : 좋아, 내가 가르쳐 주지. 다음 그림처럼 사각형에 대각선을
그으면 삼각형 두 개가 만들어지는데 사각형의 내각의 합은 이
두 삼각형의 내각의 합과 같으므로 사각형의 내각의 합이
360°가 된다는 것을 쉽게 알 수 있지.

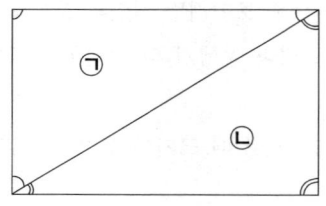

사각형의 내각의 합 =
㉠㉡ 두 삼각형의 내각의 합 =
180° ×2 = 360°

4·5·정 : 아니, 이런 기막힌 방법이 있었다니!

3·10·법·4 : 그러면 오각형의 내각의 합은 몇 도가 될까?

4·5·정 : (자신 있게) 그거야 540°죠.

3·10·법·4 : 앗! 그걸 어떻게 알았지!

4·5·정 : 다음 그림처럼 오각형의 한 꼭지점에서 대각선을 그으면 삼각
형 세 개가 만들어지는데 오각형의 내각의 합은 이 세 삼각형
의 내각의 합과 같으므로 오각형의 내각의 합이 540° 가 된다
는 것을 알 수 있지요.

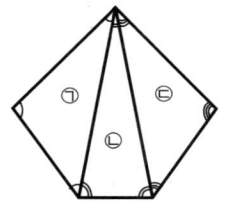

오각형의 내각의 합 =
㉠㉡㉢ 세 삼각형의 내각의 합 =
$180° \times 3 = 540°$

3·10·법·4 : 오, 대단한 걸. 그래, 삼각형은 이렇게 모든 도형의 기본이
된단다.

4·5·정 : 그런데요, 선생님. 왜 삼각형의 내각의 합은 삼각형이 어떻게
생겼든 간에 항상 180° 가 되죠?

3·10·법·4 : 참 좋은 질문이군. 간단한 실험을 통해 한 번 알아볼까? 도
화지를 가지고 삼각형을 만들어 보자꾸나.

4·5·정은 도화지로 삼각형을 만들었습니다.

3·10·법·4 : 그런 뒤 삼각형의 세 각을 각각 가, 나, 다로 정하고 잘라 보는 거야. 손으로 찢어도 상관없지.

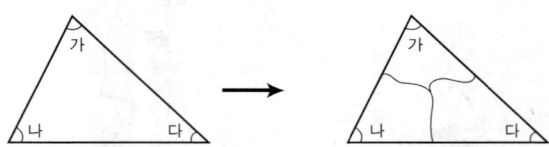

4·5·정 : (짜증 섞인 목소리로) 나 참, 삼각형의 내각의 합이 $180°$ 가 되는 것과 이 실험이 대체 무슨 관계가 있담.

3·10·법·4 : 쯧쯔, 이쯤 되면 알 법도 한데……. 이렇게 잘라 놓은 세 조각을 다음과 같이 다시 붙이면 삼각형의 세 각, 즉 ∠가 ∠나 ∠다가 모여 하나의 직선이 되잖아.

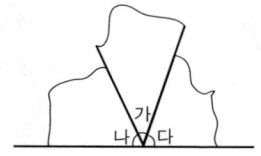

4·5·정 : (손뼉 치며) 아하, 이제 알았다! 직선의 각은 $180°$ 가 되니까 위의 가, 나, 다 각, 다시 말해 삼각형의 세 내각의 합이 $180°$ 가 된다는 것을 알 수 있단 말이죠.

3·10·법·4 : 그래, 이제 알겠지. 다음과 같이 수학적 증명을 통해서도 삼각형의 내각의 합이 $180°$ 가 된다는 것을 알 수가 있지.

그런 뒤 3·10·법·4 선생님은 칠판에 다음과 같이 써 내려갔습니다.
"삼각형의 밑변과 평행한 직선을 긋고 다음과 같이 표시해 둔다."

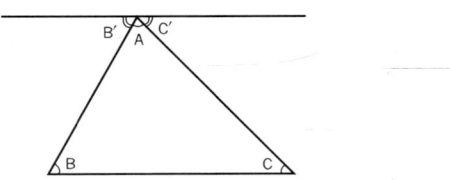

이때 $\angle B$와 $\angle B'$ 는 같고 $\angle C$와 $\angle C'$ 는 같다.($\angle B = \angle B'$, $\angle C = \angle C'$
→ 이렇게 되는 이유에 대해서는 잠시 후에 설명할게요.)
또한 $\angle C' + \angle A + \angle B' = 180°$ 이다.

→ $\angle C' + \angle A + \angle B' = 180°$

$\angle B' = \angle B$, $\angle C' = \angle C$이므로 $\angle A + \angle B + \angle C$ 도 $180°$ 이다.

$\angle A + \angle B + \angle C = 180°$

결국 삼각형의 내각의 합이 $180°$ 라는 것이 증명되는 셈이다.

?⁼⁻÷⁺ 해설 삼각형 1

앞에서 우리는 어느 삼각형이든 내각의 합이 $180°$가 된다는 것을 배웠습니다. 삼각형을 보면 내각의 합이 $180°$가 된다는 것 말고도 공통되는 성질이 두 가지 더 있습니다.

첫째, 삼각형의 변 가운데 가장 긴 변은 나머지 두 변을 합한 길이보다 짧고, 가장 짧은 변은 나머지 두 변 길이의 차보다 길다.

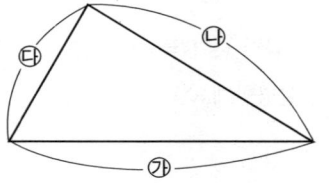

가장 긴 변   ㉮ → ㉮ 〈 ㉯ + ㉰
가장 짧은 변 ㉰ → ㉰ 〉㉮ - ㉯

둘째, 삼각형에서 가장 큰 각과 마주 보는 변의 길이가 가장 길고, 가

장 작은 각과 마주 보는 변의 길이가 가장 짧다.

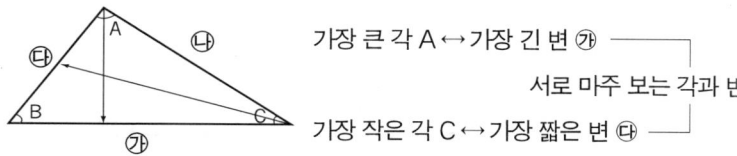

가장 큰 각 A ↔ 가장 긴 변 ㉮ ┐

서로 마주 보는 각과 변

가장 작은 각 C ↔ 가장 짧은 변 ㉰ ┘

 삼각형 2

앞에서 ∠B′와 ∠B가 서로 같다고 했는데 왜 그럴까요?

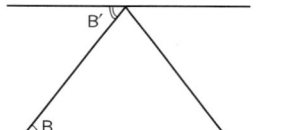

$$\angle B' = \angle B$$

이 점에 대해 더 자세하게 살펴보도록 하겠습니다.

다음 그림에서 보면 ①+④=180°, ③+④=180°입니다. 그러므로 ①+④=③+④ ∴ ①=③입니다.

①과 ③을 '맞꼭지각' 이라 하고 '맞꼭지각' 의 크기는 서로 같습니다.

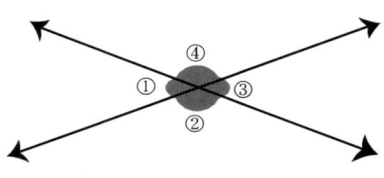

맞꼭지각 → ①=③, ②=④

또한 아래 그림에서와 같이 2개의 평행한 직선 가, 나에 만나는 하나
의 직선을 그렸을 때 생기는 각은 모두 8개입니다.

평행선과 만나는 직선이 만드는 각

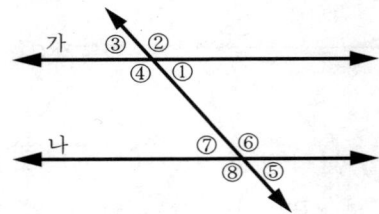

①과 ③, ②와 ④, ⑤와 ⑦, ⑥과 ⑧은 맞꼭지각으로 서로 각의 크기
가 같다는 것을 이미 알고 있을 거예요. 그리고 직선 나를 방향을 바꾸
지 않고 가쪽으로 밀고 가면 다음 그림과 같이 서로 포개집니다.
 이때 ①=⑤, ②=⑥, ③=⑦, ④=⑧이라는 것을 알 수 있는데 이들
서로를 '동위각'이라고 합니다.

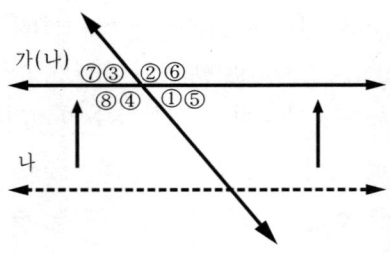

동위각 → ①=⑤, ②=⑥, ③=⑦, ④=⑧
또한 ①=③, ③=⑦이므로 ①=⑦입니다. 이렇게 ④=⑥, ②=⑧,

③=⑤ 등도 같은 각입니다. 이들을 '엇각'이라고 합니다.

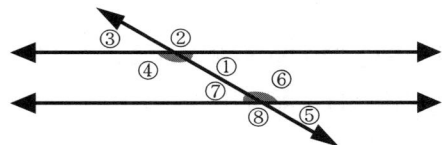

엇갓의 크기는 같다.

엇각 → ①=⑦, ④=⑥, ②=⑧, ③=⑤

다시 정리해 볼게요.
평행한 두 직선에 다른 직선이 만날 때
맞꼭지각의 크기는 같다. ①=③ (맞꼭지각은 평행선이 아니더라도 네
　　　　　　　　　　　　　　　직선이 만나면 성립한다)
동위각의 크기는 같다. ①=⑤
엇각의 크기는 같다. ①=⑦

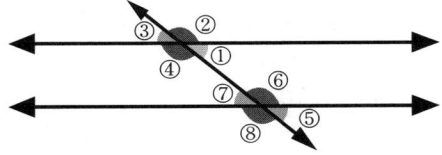

$\sum_{}^{n}$ 4. 사각형

3·10·법·4 : 정삼각형은 세 변의 길이가 같은 삼각형이지. 그렇다면 정
　　　　　 사각형은?

4·5·정 : 당연히 네 변의 길이가 같은 사각형이겠죠.

3·10·법·4 : 에그, 내가 그렇게 이야기할 줄 알았다. 틀렸어요, 틀렸어.

4·5·정 : 아니, 왜요?

3·10·법·4 : 이런 사각형도 네 변의 크기가 같은 사각
　　　　　 형이지만 정사각형이라고 하지는 않는단다.

4·5·정 : 그러면 이 사각형은 뭐라고 하는데요?

3·10·법·4 : 마름모라고 하는 거야. 덧붙여 이야기하
　　　　　 자면 삼각형은 세 변의 길이가 주어지면 무슨 삼각형인지를 알
　　　　　 수 있지만, 사각형 이상의 다각형은 모든 변의 길이가 다 주어
　　　　　 져도 어떤 사각형인지 또는 어떤 다각형인지 알 수 없단다.

4·5·정 : 그렇다면 아까 말한 정사각형은 네 변의 길이가 같다는 것 말

고도 어떤 조건이 더 필요한데요?

3·10·법·4 : 정사각형은 네 변의 길이가 같고 네 각이 모두 직각인 사각형을 말하지. 에, 그러면 직사각형은 어떻게 정의할까?

4·5·정 : (고개를 갸우뚱하며) 직사각형은 변의 길이가 각각 다르기 때문에 변의 길이를 가지고는 알아볼 수가 없겠는데요.

※ 위 4개의 도형은 모두 직사각형이지만 변의 길이가 각각 같지 않다. 그러므로 변의 길이가 주어진다 해도 직사각형임을 알 수는 없다.

3·10·법·4 : 각을 한번 관찰해 보겠니?

4·5·정은 여러 가지 직사각형들을 유심히 관찰한 뒤 대답했습니다.

4·5·정 : 아, 알았다! 직사각형은 네 각이 모두 직각이에요.

3·10·법·4 : 그래, 이제 알았지? 직사각형이란 네 각이 모두 직각인 사각형을 말한단다.

4·5·정 : 어? 그런데 정사각형도 네 각이 모두 직각이잖아요.

3·10·법·4 : 맞아. 그러므로 정사각형도 직사각형이라고 할 수 있지. 그림을 그려 보면 이해하기 쉬울 거야.

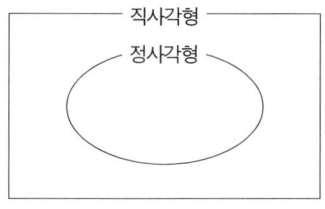

정사각형 ⊂ 직사각형

?÷± 해설 사각형

삼각형은 세 변의 길이가 정해지면 결정되지만, 사각형은 네 변의 길이가 정해진다고 해서 결정되지는 않습니다. 네 개의 선분으로 된 폐곡선을 모두 사각형이라 합니다. 그러나 변의 길이, 각의 크기 등에 따라 다른 성질을 가지고 있답니다.

사각형을 한눈에 알아보기 쉽게 분류해 볼게요.

정사각형 ── 4변의 길이가 같고 4개의 각이 모두 직각인 사각형.

직사각형 ── 4개의 각이 모두 직각인 사각형.

마름모 ── 4변의 길이가 같은 사각형.

평행 사변형 ── 서로 마주 대하는 2쌍의 변이 각기 평행인 사각형.

사다리꼴 ── 한 쌍의 대변이 평행한 사각형.

각 사각형의 포함 관계를 그림으로 그려 보면 다음과 같습니다.

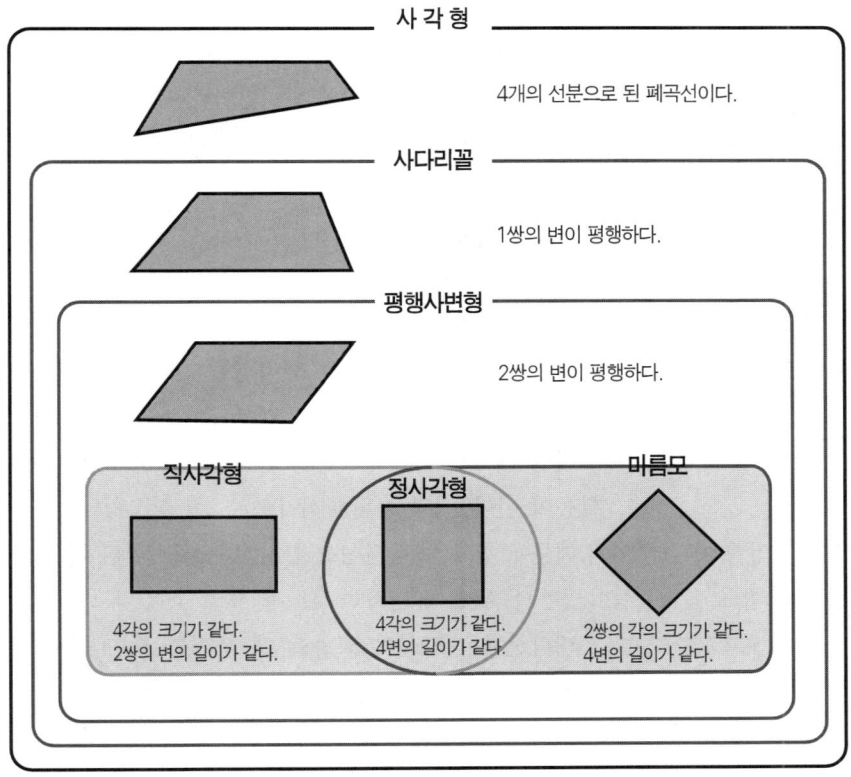

위의 그림을 보면 사각형의 포함 관계를 쉽게 알 수 있습니다.

네 각이 모두 직각인 사각형은 직사각형이라고 합니다. 그런데 정사각형도 네 각이 모두 직각이기 때문에 직사각형이라고 말할 수 있지요.

• 정사각형 ⊂ 직사각형

네 변의 길이가 똑같은 사각형을 마름모라고 합니다. 그런데 정사각형도 네 변의 길이가 같으므로 마름모라고 할 수 있습니다.

- 정사각형 ⊂ 마름모

두 쌍의 대변이 서로 평행한 사각형을 평행 사변형이라고 합니다. 직사각형이나 마름모도 서로 평행한 사각형이므로 평행 사변형이라고 할 수 있습니다.

- 직사각형, 마름모 ⊂ 평행 사변형

■ 4·5·정 생각

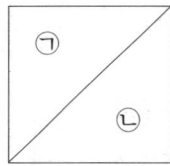

사각형은 삼각형에는 없는 대각선을 그을 수 있다. 정사각형에 대각선을 한 번 그었다고 생각해 보자. 그러면 대각선으로 나누어진 삼각형 ㉠, ㉡은 서로 합동이 된다.(직각 이등변 삼각형) 또한 삼각형의 내각의 합이 180°이기 때문에 위의 두 삼각형을 합쳐 놓은 사각형의 내각의 합(모든 사각형이 공통)은 360°가 된다는 것도 쉽게 알 수 있다.

대각선과 대각선이 교차할 때 생기는 각은 직각(90°)이 되고 두 개의 대각선의 길이는 같다.

그리고 두 개의 대각선을 그어서 생기는 4개의 삼각형도 모두 합동인 직각 이등변 삼각형이다. 이렇게 사각형에 대각선을 그으면 그 속에도 많은 비밀이 숨어 있다.

※ 직사각형, 마름모, 평행 사변형도 대각선을 그어 대각선과 각 사각형의 관계를 알아보도록 하세요.

5. 다각형

3·10·법·4 : 이번 시간에는 다각형에 대하여 배워 볼까?

4·5·정 : 다각형이 뭔데요?

3·10·법·4 : 다각형이란 세 개 이상의 선분만으로 된 폐곡선을 말하지.

4·5·정 : 그런데 폐곡선이 뭔가요?

3·10·법·4 : 폐곡선이란 한 점을 출발점으로 하여 선을 한 번만 지나서 출발점으로 되돌아올 수 있는 곡선을 말한단다.

4·5·정 : 그게 무슨 말씀이세요?

3·10·법·4 : 자, 그럼 다음 그림들을 자세히 살펴보자.

〈그림 A〉

점 ㄱ에서 출발하여 모든 선을 다 지나 점 ㄱ으로 다시 되돌아올 수 있으려면 어떻게 해야 하지?

4·5·정 : 그건 쉬워요. ①을 예로 들어 보면 다음과 같이 하면 되지요.

〈그림 B〉

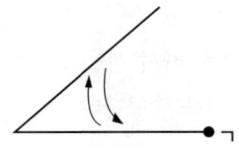

3·10·법·4 : 그래, 이건 쉽지. 그러면 네가 간 길을 자세히 살펴보자. 점 ㄱ에서 출발하여 다시 점 ㄱ으로 되돌아오기 위해 너는 주어진 선을 몇 번이나 지났지?

4·5·정 : 그거야 두 번이죠. 가는 데 한 번, 되돌아오는 데 한 번.

3·10·법·4 : 그럼, 다음 그림들을 살펴볼까?

〈그림 C〉

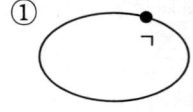 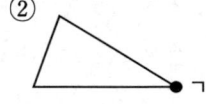 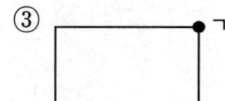

위 그림들도 점 ㄱ에서 출발하여 다시 점 ㄱ으로 되돌아오게 해 보아라.

4·5·정 : 그것도 쉽지요. ①을 예로 들면 다음과 같이 선을 지나가면 되지요.

〈그림 D〉

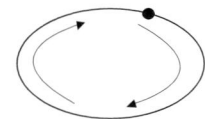

3·10·법·4 : 그래. 그러면 너는 주어진 선을 몇 번 지났지?

4·5·정 : 음, 한 번 지나갔어요.

3·10·법·4 : 이제 알겠지? 폐곡선이란 그림 C처럼 한 점을 출발점으로
하여 선을 한 번만 지나서 출발점으로 되돌아올 수 있는 곡선
을 말하는 거야. 그림 A의 도형들은 다시 출발점으로 되돌아
오기 위해서는 주어진 선을 두 번 지나야 하므로 폐곡선이라고
하지 않는 거란다.

    • **폐곡선** → 〈그림 C〉의 도형들
    • **폐곡선이 아님** → 〈그림 A〉의 도형들

4·5·정 : 이젠 이해가 됐어요. 다각형이란 세 개 이상의 선분만으로 된
폐곡선이라고 했으니까 삼각형도 다각형이네요?

3·10·법·4 : 맞았어. 사각형, 오각형, 육각형 등도 다각형이지. 그리고
다음 도형들도 모두 다각형이란다.

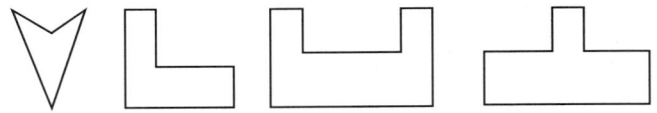

그럼, 다음 도형은 어떠냐?

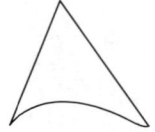

4·5·정 : 음, 이 도형은 다각형이 아니에요. 물론 삼각형과 비슷하게 생
겼지만 선분만으로 이루어져 있지 않아요. 두 개의 선은 선분
이고 하나의 선은 곡선으로 되어 있으니까요. 아까 다각형은
선분만으로 이루어져야 된다고 하셨잖아요. 어때요? 저 제법
이죠?

3·10·법·4 : (머리를 쓰다듬어 주면서) 그래, 그래. 우리 4·5·정이 그새
똑똑해졌구나. 다 내가 잘 가르친 덕이지만…….

?÷+해설 다각형

다각형에 대해 다시 한 번 복습해 볼까요?

다각형이란 세 개 이상의 선분만으로 된 폐곡선을 말합니다. 여기서 다각형의 성질 한 가지를 가르쳐 드리죠. 바로 대각선의 수와 꼭지점의 관계입니다.

다각형의 한 꼭지점에서 그을 수 있는 대각선의 수는 몇 개일까요?

삼각형을 예로 들어 봅시다.

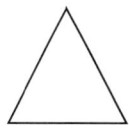 삼각형은 어떤 꼭지점에서도 대각선을 그을 수 없지요.(삼각형의 꼭지점 수는 3개. 한 꼭지점에서 그을 수 있는 대각선의 수는 0개)

그러면 사각형은요?

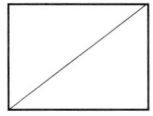 사각형은 그림처럼 한 꼭지점에서 한 개의 대각선을 그을 수 있지요.(사각형의 꼭지점 수는 4개. 한 꼭지점에서 그을 수 있는 대각선의 수는 1개)

오각형은 한 꼭지점에서 두 개의 대각선을 그을 수 있고, 육각형은 한 꼭지점에서 세 개의 대각선을 그을 수 있습니다.

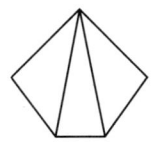 오각형의 꼭지점 수는 5개.
한 꼭지점에서 그을 수 있는 대각선의 수는 2개.

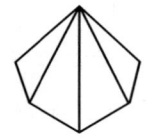

육각형의 꼭지점 수는 6개.
한 꼭지점에서 그을 수 있는 대각선의 수는 3개.

자, 이제 이해가 되셨지요?

그러니까 다각형의 한 꼭지점에서 그을 수 있는 대각선의 수는 다음과 같은 공식으로 되어 있다는 것입니다.

> ※ **대각선의 수 = 꼭지점의 수 - 3**
>
> 오각형의 경우
>
> 대각선의 수 (2) = 꼭지점의 수 (5) - 3

어느 다각형이나 이와 같은 성질을 가지고 있답니다.

■ 사다리꼴의 넓이 구하기

사다리꼴의 넓이는 ´(윗변의 길이＋아랫변의 길이)×높이÷2´ 입니다.

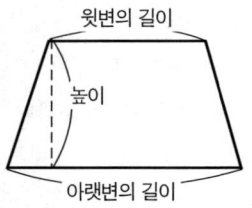

윗변의 길이

높이

아랫변의 길이

그러면 왜 이렇게 되는지 증명해 볼까요.

※사다리꼴 넓이

〈증명 1〉 또 하나의 사다리꼴을 거꾸로 놓아 잇는다.

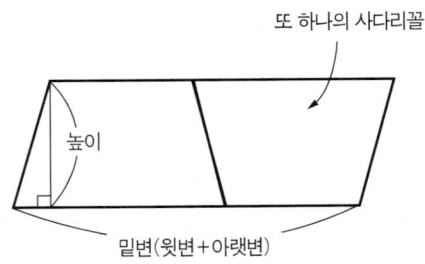

또 하나의 사다리꼴

높이

밑변(윗변+아랫변)

사다리꼴의 넓이 = 평행 사변형의 넓이 ÷ 2

= (밑변의 길이 × 높이) ÷ 2

= (윗변의 길이 + 아랫변의 길이) × 높이 ÷ 2

〈증명 2〉 삼각형으로 고쳐서 생각한다.

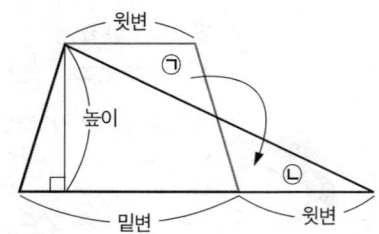

㉠을 ㉡으로 옮겨 삼각형을 만든다.

사다리꼴의 넓이 = 삼각형의 넓이

$\qquad$ = 삼각형 밑변의 길이×높이÷2

$\qquad$ = (윗변의 길이+아랫변의 길이)× 높이 ÷ 2

〈증명 3〉 대각선을 그어 생각한다.

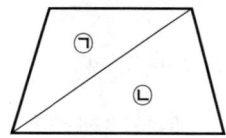

대각선을 그어 삼각형을 2개 만든다.

사다리꼴의 넓이 = 삼각형 ㉠ + 삼각형 ㉡

$\qquad$ = (아랫변의 길이×높이× $\frac{1}{2}$)+(윗변의 길이×높이 × $\frac{1}{2}$)

$\qquad$ = (윗변의 길이 + 아랫변의 길이) × 높이 × $\frac{1}{2}$

이렇게 사다리꼴의 넓이를 증명하는 데는 여러 가지 방법이 있습니다. 어때요? 어느새 사다리꼴하고 친해진 것 같지요?

※ 평행 사변형, 마름모 등도 여러분들이 직접 넓이의 공식을 구해 보세요.

6. 원주율

4·5·정은 다시 슈퍼보드를 타고 기원전 3세기께의 그리스로 날아갔습니다. 만나 볼 사람이 있었기 때문이죠. 원을 너무 사랑했고 원 때문에 죽었다는 그리스의 수학자 아르키메데스를 만나기 위해서였습니다. 4·5·정이 아르키메데스를 찾아갔을 때도 그는 땅에 원을 그려 놓고 무언가를 골똘히 생각하고 있었습니다.

4·5·정 : 아저씨가 그 유명한 아르키메데스죠?

아르키메데스 : 내가 유명하다고? 그것 참, 듣기는 나쁘지 않군.

4·5·정 : 아저씨는 후세 사람들이 존경하는 학자 가운데 한 사람이세요.

아르키메데스 : 점점 모를 말만 하는군.

4·5·정 : 근데 아저씨, 지금 무얼 하고 계세요?

아르키메데스 : 원주율을 구하고 있지.

4·5·정 : 원주율이 뭔데요?

아르키메데스 : 원주에 대해서는 알고 있니?

4·5·정 : 그럼요. 제가 수학을 얼마나 잘한다고요. 원주란 원의 호 전체
　　　　의 길이, 즉 원의 둘레를 말하는 거잖아요. 흠.

아르키메데스 : 그건 알면서 왜 원주율은 모르니? 원주율이란 원주와 지름
　　　　의 비를 말하는 것이란다. 다시 말해 원주율이라 하면 원주가
　　　　지름 길이의 몇 배가 되는지를 나타내지. 한번 식으로 써 볼까?

아르키메데스는 땅에다 다음과 같이 원주율 공식을 썼습니다.

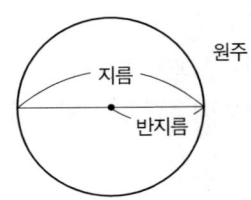

원주율 = 원주 ÷ 지름의 길이

원　주 = 지름의 길이 × 원주율

4·5·정 : 그러면 원주가 지름 길이의 몇 배가 되는데요?

아르키메데스 : 내가 연구해 본 결과 모든 원은 공통적으로 원주가 지름
　　　　길이의 약 3.14배가 된단다. 내가 대략 3.14라고 말하는 것은
　　　　3.1416 ……으로 나가는 순환하지 않는 무한 소수, 즉 무리수
　　　　이기 때문이지.

4·5·정 : 원주율을 직접 재 볼 수 있는 방법은 없을까요? 원주는 동그랗
　　　　기 때문에 자를 가지고 재 볼 수도 없고 그렇다고 다음 그림처
　　　　럼 펴서 재 볼 수도 없잖아요.

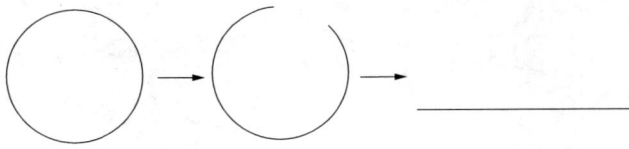

아르키메데스 : 그럼, 직접 확인해 볼까?

4·5·정 : 원주의 길이를 잴 수 있는 방법이 있는 거예요?

아르키메데스 : 직접 재지는 않더라도 다음과 같은 방법을 동원하면 근사
값을 구할 수 있단다.

아르키메데스는 땅에 지름이 1m인 원을 그리고 원의 안과 밖에 각각
다음과 같은 육각형을 그려 놓았습니다.

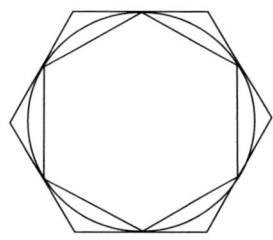

이 그림은 내가 원주율을 구하는 방법이란다. 원을 기준으로
할 때 원주의 크기는 안의 정다각형의 둘레보다 크고 밖의 정
다각형의 둘레보다는 작게 되지.

4·5·정 : 그런데요?

아르키메데스 : 정육각형에서 변의 수를 12, 24, 48 …… 이런 식으로 늘
려 가서 정96각형의 둘레를 재면 원의 지름이 1m일 때 안의
정96각형의 둘레 3.1408 ……m 〈 원주 〈 밖의 정96각형의 둘
레 3.1428 ……m임을 알 수 있단다. 그러므로 원주율은 약
3.14가 되는 거야.

4·5·정 : 세상에 그런 기막힌 방법이 다 있었네요.

원주율은 유리수가 아닌 무리수입니다. 무리수라고 하면 순환하지 않는 무한 소수, 예를 들면 3.1416 …… 처럼 소수점 이하 자릿수가 끊임없이 이어지는 수를 말합니다. (1716년 프랑스의 랑베르트라는 사람이 원주율은 유리수가 아니라 무리수라는 원리를 밝혀 냈음)

원주율은 π(파이)라고도 씁니다. π는 그리스어의 원주라는 단어의 머리글자이며, π를 처음 사용한 사람은 스위스의 수학자이자 물리학자인 오일러(1707~1783)입니다.

원주율의 자릿수는 현재 컴퓨터를 이용하여 10억만 개 이상의 자릿수까지 구할 수 있고 지금까지도 계속하여 더 많은 자릿수에 도전하고 있습니다.

여러분이 이상하게 생각할지 몰라도 원주율은 성서에도 등장합니다. 『구약 성서』의 「열왕기」를 보면 원주율을 3으로 다루고 있답니다. 동양

에서도 원주율은 여러 문헌에서 다루어지고 있는데 기원전 1000년께 엮어진 중국의 가장 오래된 수학책 『주비산경』에서도 원주율을 3으로 계산하고 있습니다.

그러니 원주율이 수학에서 얼마나 중요한 무리수인지는 두말하면 잔소리!

■왜 원의 각은 360°가 되는 것일까?

고대 바빌로니아에서 1년은 360일이었습니다. 태양이 어떤 한 지점에서 같은 지점으로 되돌아오는 데 걸리는 기간을 360일로 계산한 것이죠. 물론 1년은 365.2422일이니까 이들의 계산은 오늘날과 약간 차이가 있었겠죠.(뒤에 365일로 고쳐 사용하였다)

여기서 중요한 것은, 원의 각이 360°가 된 것은 고대인들이 1년을 360일이라고 생각한 데서 비롯되었다는 사실입니다. 태양의 모양을 원으로 생각하고 이 원을 360등분하여 1°가 생긴 것이죠. 원의 각이 360°이니까 이를 2등분하면 180°인 평각이 생기고, 4등분하면 90°인 직각이 생기겠죠.

$\sum_{}^{n}$ **7. 원의 넓이**

또다시 찾아온 수학 시간.

3·10·법·4 : 4·5·정, 어제 아르키메데스를 만나고 왔다면서?

4·5·정 : 아니, 그걸 어떻게 아셨어요?

3·10·법·4 : 다 아는 수가 있지. 그런데 어제 아르키메데스를 만나서 무엇을 배웠니?

4·5·정 : 원에 대해서 배웠어요.

3·10·법·4 : 원의 어떤 내용을 배웠지?

4·5·정 : 원주율이란 무엇인가, 그리고 원주율이 약 3.14가 된다는 것도 배웠어요.

3·10·법·4 : 그러면 이번 시간에는 원의 넓이를 구하는 방법에 대하여 배우면 좋겠구나. 원의 넓이는 반지름×반지름×3.14 하면 구해진단다.

4·5·정 : 왜 그렇게 되지요? 사각형은 밑변×높이, 삼각형은 밑변×높이×$\frac{1}{2}$로 넓이를 구하는데 원의 넓이만 유독 반지름을 두 번 곱하고 나서 높이 대신에 원주율 3.14를 곱하니 이상하네요.

3·10·법·4 : 녀석아, 원에 밑변이 어디 있고 높이가 어디 있니? 난 평생 동안 원의 밑변을 보지 못했는데 너는 봤느냐?

4·5·정 : 어? 정말 그렇군요. 원은 사각형이나 삼각형처럼 변을 가지고 있지 않고 동그랗게 되어 있는데 원의 넓이를 어떻게 구하죠?

3·10·법·4 : 원을 사각형으로 만들어 넓이를 구하면 되지.

4·5·정 : 오, 세상에. 원을 사각형으로 만든다구요?

3·10·법·4 : 긴 말 필요 없고 도화지로 원이나 만들어 보아라.

150 4·5·정의 수학나라

4·5·정은 도화지로 원을 만들었습니다.

3·10·법·4 : 이젠 그 원을 4등분하거라.

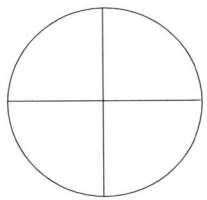

4·5·정 : 4등분했어요. 이젠 어떻게 하죠?

3·10·법·4 : 그리고 계속 등분을 해 나가는 거야. 8등분, 16등분, 32등
분 …… 이런 식으로. 더 이상 등분할 수 없을 때까지 말이지.

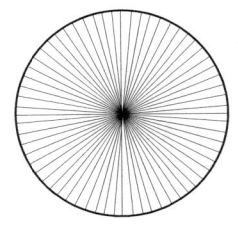

4·5·정은 원을 계속 등분해 갔습니다. 그러자 원은 조각조각으로 나
누어졌지요.

3·10·법·4 : 이제 조각난 것들을 다음과 같이 다시 붙이면 직사각형이
만들어진단다.

4·5·정 : (신기한 듯) 하하! 정말이네.

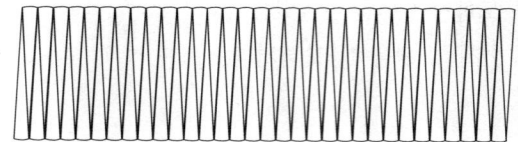

3·10·법·4 : 이렇게 원을 무한히 계속 등분하여 위와 같이 오려 붙이면 결국은 직사각형이 되겠지. 그렇게 해서 만든 직사각형의 넓이를 구하면 결국 원의 넓이를 구하는 셈 아니겠니?

4·5·정 : 그렇군요.

3·10·법·4 : 그렇다면 이 직사각형의 높이는 원의 무엇이 될까?

4·5·정 : 음, 그건 반지름이에요.

3·10·법·4 : 그럼 직사각형의 밑변은?

4·5·정 : 그건 원주의 반이고요.

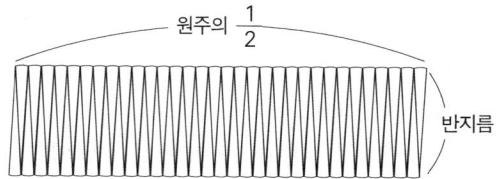

원주의 $\frac{1}{2}$

반지름

3·10·법·4 : 이제 알았겠지. 원의 넓이는 이 사각형의 넓이니까 결국 반지름×원주×$\frac{1}{2}$이 되는 거야. 그런데 원주는 지름의 길이× 원주율이라고 어제 배웠으니까, 원의 넓이는 반지름×지름의 길이×원주율×$\frac{1}{2}$이 되겠지.

4·5·정 : 아하, 이제 알았어요. 선생님 말씀처럼 원의 넓이는 반지름×지 름의 길이×$\frac{1}{2}$×원주율인데, 지름의 길이의 반(지름의 길이×$\frac{1}{2}$) 은 결국 반지름이니까 원의 넓이는 반지름×반지름×원주율 (3.14)이 되는 것이군요.

3·10·법·4 : 그래 맞았다.

■ **원의 넓이(직사각형의 넓이)**

= 반지름×원주×$\frac{1}{2}$　　(※원주 = 지름의 길이×원주율)

= 반지름×지름의 길이×$\frac{1}{2}$×원주율 (※반지름= 지름의 길이×$\frac{1}{2}$)

= 반지름×반지름×원주율(3.14)

?÷+(해설) 원의 넓이

이제 여러분은 원의 넓이를 구할 수 있게 되었으니까 부채꼴의 넓이와 둘레도 쉽게 구할 수 있어요.

부채꼴의 중심각과 넓이 사이에는 비례 관계가 있답니다. 만약 부채꼴의 중심각이 $60°$라면 그 넓이는 원의 넓이의 $\frac{1}{6}$, 부채꼴의 둘레 또한 원주의 $\frac{1}{6}$이 됩니다. 따라서 부채꼴의 넓이와 둘레는 다음과 같습니다.

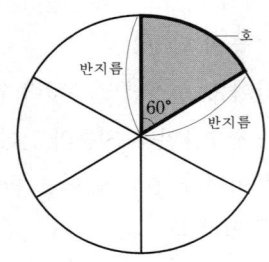

※중심각이 $60°$일 때 부채꼴의 넓이와 둘레

부채꼴의 넓이

$$= \text{원의 넓이} \times \frac{60}{360} \ (\text{※원의 넓이} = \text{반지름} \times \text{반지름} \times \text{원주율})$$

$$= \text{반지름} \times \text{반지름} \times \text{원주율} \times \frac{60}{360}$$

부채꼴의 둘레(l)

$$= \text{원둘레(원주)} \times \frac{60}{360} \ (\text{※원주} = \text{지름} \times \text{원주율})$$

$$= \text{지름} \times \text{원주율} \times \frac{60}{360}$$

■ 원주에 관한 재미있는 문제

지구를 둥근 공 모양으로 생각하고 지구 표면에 1m 높이의 전주를 세운 다음 전선을 팽팽하게 당겨서 지구를 한 바퀴 돌았을 때 전선의 길이는 지구 둘레보다 과연 몇 m나 더 길어질까요?

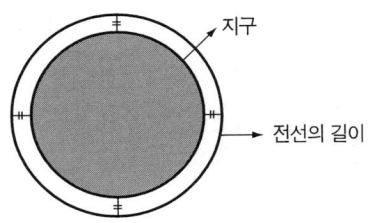

정답 : 6.28m

지구가 엄청나게 크기 때문에 전선의 길이가 엄청나게 길어질 거라고 생각하겠지만 실제로는 6.28m밖에 길어지지 않습니다. 위의 문제를 식으로 간단히 풀어 써 보면 왜 그렇게 되는지 알 수 있지요.

∴ 전선의 길이(3.14×전선의 지름) – 지구의 둘레 길이(3.14×지구의 지름)   (※전선의 지름 = 지구의 지름＋1m＋1m)

  = 3.14 × (지구의 지름＋1m＋1m) – 3.14 × 지구의 지름

  = 3.14×2m ＋ 3.14×지구의 지름 – 3.14×지구의 지름

  = 6.28m

※원주(원의 둘레) = 지름의 길이 × 원주율

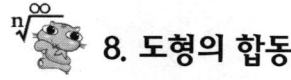 # 8. 도형의 합동

3·10·법·4 : 앞동산의 A에서 B까지의 거리를 재어 오도록.

　　4·5·정은 긴 자를 들고 앞동산에 가 보았으나 중간에 산이 있어 $\overline{AB}$의 직선 거리를 잴 수 없어 난감했지요.

4·5·정 : 산을 불도저로 싹 밀어서 평평하게 만들어 버려?

　　4·5·정은 결국 숙제를 못 하고 다음날 학교로 갔습니다.

4·5·정 : 저·8·계야, 너 숙제했니?

저·8·계 : 아니. 근데 왜 그러셔?

4·5·정 : 어쩌려고 숙제를 안 했어?

저·8·계 : 헤헤. 나는 몸이 천하 장사니까 몇 대 맞으면 괜찮으셔.

4·5·정 : 난 안 괜찮으셔. 손·5·0, 너는 숙제했니?

손·5·0 : 당연하지.

4·5·정 : 그래? 나 좀 가르쳐 주라.

손·5·0 : 안 돼!

4·5·정 : 의리 없는 녀석.

　그때 3·10·법·4 선생님이 들어오셨습니다.

3·10·법·4 : 어제 낸 숙제 풀어 온 사람?

반 아이들 : 저요! 저요!

4·5·정 : (조용~)

3·10·법·4 : 음, 그러면 손·5·0이 나와서 풀어 보렴.

손·5·0 : 앞동산에 가서 $\overline{AB}$ 의 길이를 직접 잴 수는 없으니까 먼저 다
　　　음과 같이 그림을 그려 보면 $\overline{AB}$ 의 길이를 구할 수 있어요.

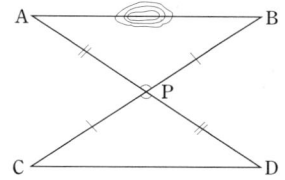

이 그림에서 △PAB와 △PCD는 합동인 삼각형이 되지요. 다
시 말해 크기가 같은 삼각형이 된다는 말입 니다. 그러므로 선
분 $\overline{AB}$ 의 길이는 선분 $\overline{CD}$ 의 길이와 같지요.($\overline{AB}=\overline{CD}$) 결
국 $\overline{CD}$ 의 길이를 재면 되는 것입니다.

3·10·법·4 : 음, 참으로 잘했다. 삼각형의 합동 조건만 알면 이 문제는
　　　간단히 풀 수 있다는 걸 알 수 있겠지.

?─^{해설} 삼각형의 합동 조건

공장에서 대량으로 만드는 공책이나 연필 등은 각각 모양이나 규격이 똑같지요. 이와 같이 모양이나 크기가 똑같은 것을 합동이라고 합니다.

그러므로 합동 도형이라 하면 모양과 크기가 똑같은 도형, 즉 조금도 어긋남이 없이 완전히 포갤 수 있는 도형을 말합니다. 나와 거울 속의 또 다른 내가 서로 마주 보고 있는 것처럼 말이죠.

삼각형에서는 세 개의 변과 세 개의 각이 각각 같으면 합동인 도형이라고 말할 수 있습니다. 그러나 굳이 이것들을 전부 확인해 보지 않더라도 다음의 최소한 조건들만 알면 합동인지를 파악할 수 있습니다.

※삼각형의 합동 조건

㉠ 대응하는 세 변의 길이가 각각 같을 때

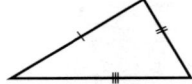 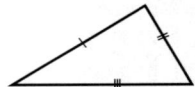

㉡ 대응하는 두 변의 길이가 각각 같고, 그 사이에 끼인 각의 크기가 같을 때

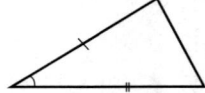 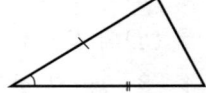

㉢ 대응하는 한 변의 길이가 같고, 그 양끝각의 크기가 각각 같을 때

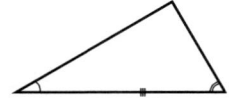 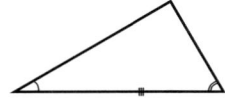

앞에서 손·5·0은 삼각형의 합동 조건 ⓛ을 이용하여 문제를 쉽게 풀수 있었던 것입니다.

문제) 삼각형의 합동 조건을 이용하여 다음 그림의 점A에서부터 배까지의 거리를 구해 보세요.

(바닷물이 가로 놓여 있어 직접 배까지의 거리는 잴 수가 없다)

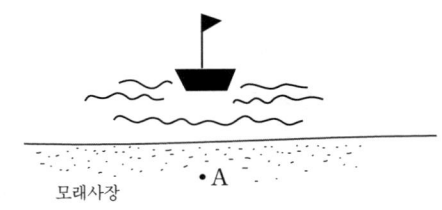

모래사장　·A

정답 :

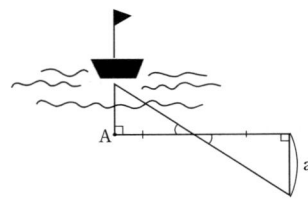

배까지의 거리를 직접 잴 수는 없지만 왼쪽의 그림과 같이 도형을 그려 놓고 a의 거리를 재면 그것이 배까지의 거리입니다.(삼각형의 합동 조건 ⓒ을 상기하세요)

■ 도형의 이동

합동인 도형을 얻기 위해 도형을 어떻게 이동시켜야 할까요?

하나의 도형을 모양이나 크기를 변화시키지 않고 다른 위치로 옮기는 것을 도형의 이동이라고 합니다. 도형을 이동하는 방법은 평행 이동, 회전 이동, 대칭 이동 세 가지가 있습니다.

◎ 평행 이동(밀어서 옮긴다)

도형 전체를 어느 방향으로 일정한 거리만큼 옮겨 놓는 것을 도형의 평행 이동이라고 합니다. 다음 그림에서처럼 도형을 평면 위에서 한쪽 방향으로 일정한 거리만큼 이동시켜 놓는 것이지요.

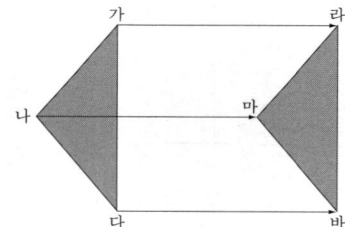

도형 전체를 평행으로 이동시킨다.

◎ 회전 이동(돌려서 옮긴다)

도형 전체를 한 점을 중심으로 해서 일정한 각도만큼 돌려서 이동시키는 것을 도형의 회전 이동이라고 합니다. 다음 그림에서처럼 삼각형 가나다를 점 0를 중심으로 90° 회전시켜 삼각형 라마바의 위치에 옮겨 놓았을 때 삼각형 라마바는 삼각형 가나다를 회전 이동시켜 놓은 도형이 됩니다. 이때 돌리는 중심점을 '회전의 중심'이라 하고 회전시킨 일정한 각을 '회전각'이라고 합니다.

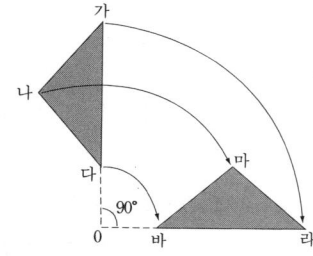

삼각형 가나다를 점 0을 중심으로 90° 회전시키면 삼각형 라마바가 된다.

◎ 대칭 이동(접어서 옮긴다)

도형 전체를 어느 선분이나 점에 대하여 대칭의 위치에 옮기는 것을 대칭 이동이라 합니다. 대칭 이동에는 두 종류가 있는데 선분에 대하여 대칭 이동시킨 것을 '선대칭 이동', 점에 대하여 대칭 이동시킨 것을 '점대칭 이동'이라 합니다.

다음 그림에서처럼 삼각형 가나다를 선분 ㄱㄴ에서 접어서 겹친 것과 같이 선대칭의 위치에 옮기면 삼각형 라마바를 만들 수 있습니다.

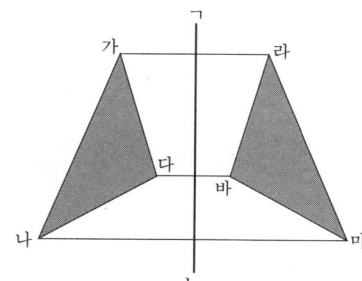

삼각형 가나다는 선분 ㄱㄴ에서 접어서 겹치면 삼각형 라마바가 된다.

위에서 본 것처럼 합동인 도형을 얻기 위해서는 도형의 이동(평행 이동, 회전 이동, 대칭 이동)을 통하여 꼭 맞게 겹칠 수 있습니다.

∮ 9. 도형의 닮음

고대 이집트 사람들은 피라미드의 높이가 얼마나 되는지를 알 수가 없었습니다. 그래서 이집트 왕은 피라미드의 높이를 재는 사람에게 후한 포상을 하기로 했습니다. 그때 탈레스(기원전 624~546)라는 수학자가 찾아와 피라미드의 높이를 재 보겠다고 했습니다. 그때 그 시절, 그 감동적인 장면을 다시 연출해 볼까요?

　출연 : 4·5·정, 탈레스, 이집트 왕, 지나가던 저·8·계
　장소 : 피라미드 앞
　레디~ 고!

이집트 왕 : (탈레스에게) 자, 어서 피라미드의 높이를 재어 보아라.
　탈레스는 막대기 하나를 피라미드 그림자와 겹치는 곳에 가만히 세웠습니다.
이집트 왕 : (황당해서) 아, 지금 뭐하나? 피라미드 높이는 잴 생각 안 하고 왜 막대기를 땅에 꽂아 놓고 그러나?
탈레스 : (속으로) 알면 다쳐.
　탈레스는 다음과 같은 방법으로 피라미드 높이를 재고 있었습니다.

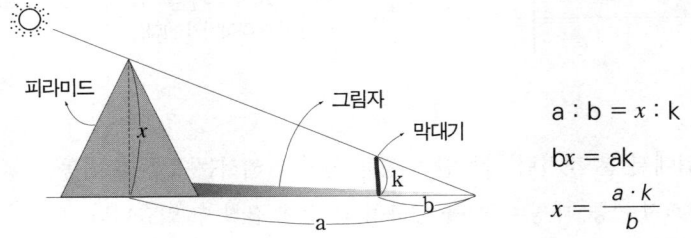

$$a : b = x : k$$
$$bx = ak$$
$$x = \frac{a \cdot k}{b}$$

이집트 왕 : 이게 어찌된 겨? 막대기 하나로 피라미드 높이를 구하다니!
　　　　　 놀랍도다! 놀라워! 오, 놀라워, 놀라워…….

4·5·정 : 왕이시여! 체통을 좀 지키시옵소서.

이집트 왕 : (헛기침을 하며) 흠, 위대한 수학자 탈레스를 위해 오늘 밤 축
　　　　　 배를 들자.

저·8·계 : (지나가다가) 이야호!

도형의 닮음

앞에서 우리는 크기와 모양이 모두 똑같은 도형을 합동 도형이라고 했
습니다. 이와는 달리 모양은 똑같지만 크기가 다른 도형을 '닮은 도형'
또는 '닮은꼴'이라고 합니다. 이렇게 한 도형을 일정한 비율로 확대 또
는 축소했을 때 두 도형은 서로 닮았다고 합니다.

　두 삼각형이 있다고 가정할 때 이것들은 어떤 경우에 닮은 도형이 될
까요? 삼각형의 닮음 조건은 다음과 같습니다.

① 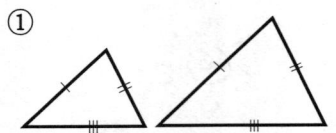 대응변의 길이의 비가 모두 같은 경우

② 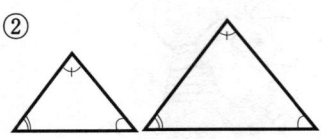 대응각의 크기가 모두 같은 경우, 또는 대응하는 두 각의 크기가 같은 경우

③ 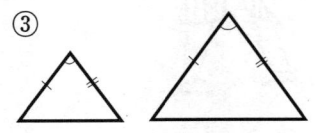 대응하는 한 각의 크기가 같고 그 각을 이루는 두 대응변의 길이의 비가 같은 경우

  그리스의 수학자 탈레스가 피라미드 높이를 잴 수 있었던 것도 이렇게 삼각형의 닮음 조건의 특징을 이용했기 때문이랍니다.

$\sum\limits_{}^{n}$ 🐱 10. 다면체

3·10·법·4 : 오늘은 다면체에 대하여 공부하자.

4·5·정 : 다면체가 뭔데요?

3·10·법·4 : 다면체를 이해하기 위해서는 입체 도형을 알아야 하는데, 입체 도형에 대해서는 초등학교 6학년 1학기 책에 쓰여 있으니까 한번 읽어 보자.

4·5·정 : 평면이나 곡면으로 둘러싸인 도형을 입체 도형이라고 합니다.

3·10·법·4 : 그래, 잘 읽었다. 입체 도형은 평면이나 곡면으로 둘러싸인 도형을 말하는 것이지. 그러면 평면만으로 둘러싸인 입체 도형은 무엇이 있을까?

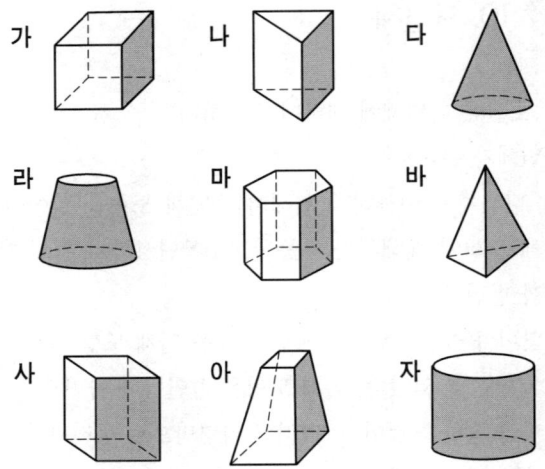

가　나　다　라　마　바　사　아　자

4·5·정 : 5학년 때 배운 육면체도 평면만으로 된 입체 도형이고요. 그림
에서 가, 나, 마, 바, 사, 아의 도형들도 다 평면만으로 이루어
진 도형이에요.

3·10·법·4 : 그래. 그러면 다음 도형은 무엇이지?

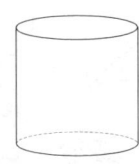

4·5·정 : 이 도형은 밑변은 평면이지만 옆면은 곡면으로 되어 있으니까
평면만으로 이루어진 도형이라고 할 수 없지요. 앞의 다, 라,
자의 도형들도 평면만으로 이루어진 도형은 아니에요.

3·10·법·4 : 그래 그거야. 이미 다면체의 개념을 이해하고 있구나. 바로
아까 네가 말한 평면만으로 이루어진 입체 도형들이 다면체지.

4·5·정 : 아하, 이제 이해가 됐어요. 그러면 교과서에 나오는 각기둥, 각
뿔은 다면체지만 원기둥, 원뿔은 다면체가 아니네요.

※ **각기둥** : 위와 아래에 있는 면이 서로 평행이고 합동인 다각형으로
되어 있는 입체 도형.

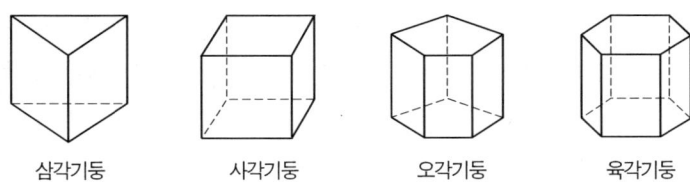

삼각기둥   사각기둥   오각기둥   육각기둥

원기둥 : 위와 아래에 있는 면이 서로 평행이고 원으로 되어 있는
입체 도형.

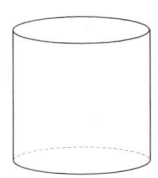

각뿔 : 밑면이 다각형이고, 옆면이 삼각형인 입체 도형.

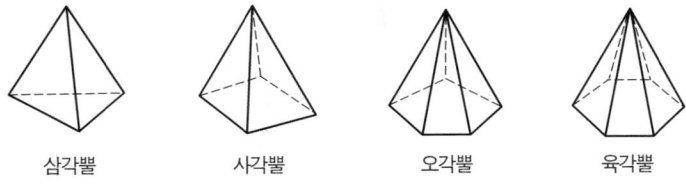

삼각뿔   사각뿔   오각뿔   육각뿔

원뿔 : 밑면이 원이고, 옆면이 곡면인 입체 도형.

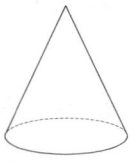

3·10·법·4 : 다시 정리해 보면, 평면이나 곡면으로 둘러싸인 도형을 입
          체 도형이라고 하는데 그 가운데 평면만으로 둘러싸인 입체 도
          형을 다면체라고 하는 거야. 그러면 다면체를 한번 나누어 보
          겠니? 다면체는 면의 수에 따라 나누어진단다.

4·5·정 : 그거야 쉽죠. 다면체는 면의 개수에 따라 나누어진다고 했으니
        까 2개의 면으로 둘러싸인 입체 도형은 이면체, 면이 3개면 삼
        면체, 면이 4개면 사면체, 면이 5개면 오면체, 면이 6개면 육
        면체 …… 이렇게 되지요.

3·10·법·4 : 아니! 면이 2~3개일 때 입체 도형을 만들 수 있다고?

4·5·정 : (멋쩍은 듯) 헤헤. 면이 2개 또는 3개일 때는 입체 도형을 만들
　　　　수 없으니까 다면체는 사면체부터 시작해야 하겠네요.

3·10·법·4 : 그럼 한 가지 더 물어 보자. 각 면의 크기가 같은 다면체,
　　　　다시 말해 각 면이 모두 합동인 입체 도형을 뭐라고 할까?

4·5·정 : 각 면의 크기가 같다면 다음과 같은 다면체를 말하나요? 6개
　　　　면의 크기가 똑같으니까요.

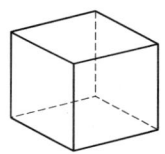

3·10·법·4 : 이 다면체의 이름은 뭘까?

4·5·정 : 그거야 정육면체죠. 그리고 정육면체처럼 각 면의 크기가 같은
　　　　다면체를 정다면체라고 하고요.

3·10·법·4 : 일취월장(日就月將 : 날마다 실력이 좋아짐)이로고!

? ÷ + 해설 다면체

입체 도형의 간단한 특징 한 가지를 소개하겠습니다. 육면체를 한번 자
세히 관찰해 보세요.

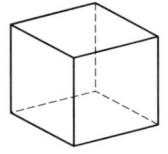

면은 6개
꼭지점은 8개
모서리는 12개

육면체의 면과 꼭지점 모서리의 관계에서 중요한 사실 하나를 발견할 수 있을 거예요. 면의 수와 꼭지점의 수를 더한 것은 모서리의 수에 2를 더한 것과 같다는 것입니다.

※ 면의 수+꼭지점의 수 = 모서리의 수+2

육면체의 경우 면의 수(6)+꼭지점의 수(8)=모서리의 수(12)+2

이러한 원칙은 다른 다면체에서도 성립합니다.

사면체를 볼까요?

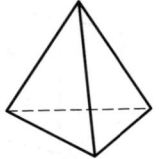

사면체는 면의 수 4개, 꼭지점의 수 4개, 모서리의 수 6개입니다.

그러므로 면의 수(4)+꼭지점의 수(4) = 모서리의 수(6)+2

팔면체, 십이면체 등 다른 도형을 그려 놓고 실험해 보세요. 신비의 세계가 여러분을 기다리고 있습니다.

이러한 원리는 스위스의 수학자 오일러(1707~1783)가 밝혀 냈기 때문에 '오일러의 정리' 라고 합니다.

※오일러의 정리

면의 수 + 꼭지점의 수 = 모서리의 수 + 2

11. 3대 작도 불능 문제

수학이 발달했던 고대 그리스 사람들은 자와 컴퍼스만으로 도형을 그리는 것을 강조했습니다. 그렇기 때문에 수학의 발전을 더디게 했다는 이야기가 있습니다.

　이 문제를 가지고 그리스의 수학자 한 사람이 변사또 앞에서 재판을 받게 되었습니다.

변사또 : 너희들은 굳이 자와 컴퍼스만으로 도형을 그리게 하여 수학의 발전을 더디게 했다는데 그게 사실이렷다!

그리스 수학자 : 그때는 그것이 최선의 방법이라고 생각했습니다요.

변사또 : 어허, 그렇다면 자와 컴퍼스만으로 모든 도형을 그릴 수 있다고 생각했느냐?

그리스 수학자 : 그렇지 않았습니다. 자와 컴퍼스만으로 그릴 수 없는 것이 있었습지요.

변사또 : 그게 무엇이었더냐?

그리스 수학자 : 첫째, 임의의 각을 삼등분하는 것. 둘째, 한 정육면체의 2배의 부피를 갖는 정육면체를 만드는 것. 셋째, 원과 같은 넓이를 가지는 정사각형을 만드는 것이었습죠.

변사또 : 그런 불합리한 점을 알면서도 자와 컴퍼스만을 사용하여 도형을 그리게 한 것은 어떤 연유인가?

그리스 수학자 : 우리가 직선과 원을 가장 신성시했기 때문입니다.

변사또 : 오호, 알 수 없는 일이로고.

?÷+=해설 3대 작도 불능 문제

"자와 컴퍼스 이외의 다른 작도 방법은 기하학의 장점을 포기하고 파괴하는 것이다. 그것은 기하학을 영원한 사상으로 높이기는커녕 오히려 감각의 세계로 다시 끌어내리기 때문이다."

고대 그리스의 철학자 플라톤이 한 말입니다. 이 말에서도 알 수 있듯이 고대 그리스 사람들은 자와 컴퍼스만으로 작도하는 것을 전통으로 삼아 왔습니다. 그것은 그들이 자(눈금 없는)로 작도할 수 있는 직선과 컴퍼스로 작도할 수 있는 원을 가장 신성시했기 때문입니다. 반면 타원, 포물선, 쌍곡선 등은 천한 것으로 여겼지요.

당시 궤변에 능숙했던 소피스트들은 다음 세 가지를 자와 컴퍼스만으로 작도하라는 문제를 내어 수학자들을 괴롭혔습니다.

첫째, 주어진 각을 3등분하기

둘째, 주어진 정육면체의 2배 부피를 가진 정육면체 그리기

셋째, 주어진 원의 넓이와 같은 넓이의 정사각형 그리기

이 세 가지 문제는 2000여 년이 지난 18세기에 와서야 자와 컴퍼스만으로는 작도가 불가능하다는 것이 판명되었습니다.

4장 논리의 나라

"수학에 무슨 논리가 있느냐?" 또는 "수학을 배우는 데 논리를 생각해서 무엇하느냐?"고 반문하는 학생이 혹시 있을지도 모르겠습니다. 그렇다면 지금부터 그런 생각을 바꾸도록 하세요. 논리적인 판단이야말로 수학이라는 튼튼한 집을 짓는 데 기초가 되는 것이니까요.

여러분이 논리를 등한시해 온 것은 지금껏 단순히 수학 공식을 외워서 문제를 풀어 왔기 때문입니다. 공식이 어떻게 해서 생겨났고 또 그 공식을 어떤 문제에 어떤 식으로 대입해서 풀 것이며, 증명은 어떤 식으로 이루어져야 하는지 등의 논리적인 사고는 수학에서 매우 중요한 것입니다.

논리적인 사고를 하는 그 순간부터 여러분은 수학이 더 이상 지겨운 공부가 아니란 걸 새롭게 깨닫게 될 거예요. 흥미롭고 재미있는 수학의 세계는 논리적인 사고에서부터 시작됩니다. 자, 이제 그 비밀의 열쇠를 드렸으니 여러분은 문을 열고 그 신비의 세계로 발을 들여놓기만 하면 됩니다. 그럼, 들어가 볼까요?

$\sum\limits_{n}$ 🐸 **1. 논리가 없어진 나라**

4·5·정, 손·5·0, 저·8·계는 오랜만에 용돈 만 원씩을 모아 저녁을 먹으러 함께 레스토랑에 갔습니다.

웨이터 : 주문하시죠.

손·5·0 : 나는 돈가스.

저·8·계 : 그거 무지하게 맛이 없으셔. 그러니까 나는 돈가스.

4·5·정 : 그래? 그럼 내가 돈가스를 먹지.

　저녁을 다 먹은 세 사람은 계산을 하기 위해 카운터로 갔습니다.

저·8·계 : 얼마셔?

주인 : 3만 원인데 너희들은 스타니까 5000원 깎아 줄게.

　세 사람은 모아 둔 3만 원을 내고 5000원을 거슬러 받았습니다. 5000원을 세 사람이 똑같이 나누려 하는데, 좋은 방법이 없을까요?

손·5·0 : 5000원을 가지고 세 사람이 1000원씩 나누어 가지면 2000원이 남는데 이 2000원을 어떻게 하지?

저·8·계 : 우와, 머리 무지하게 아프셔. 그냥 주인한테 2000원을 주면 안 되셔?

4·5·정, 손·5·0 : 그거 좋은 생각이다. 그렇게 하자.

　세 사람은 1000원씩 나누어 가진 뒤 남은 2000원을 주인한테 돌려주었습니다. 그런데 집으로 돌아오면서 4·5·정에게 한 가지 의문이 생겼습니다.

4·5·정 : 우리가 각자 만 원씩 내서 1000원을 돌려받았으니 9000원씩 낸 셈이지?

손·5·0 : 그렇지.

4·5·정 : 그러면 3명이 9000원씩 냈으니까 합이 2만 7000원, 거기에다

가 식당 주인한테 2000원을 주었으니까 2만 7000원에 2000원을 더하면 2만 9000원이 되잖아.

$$2만 7000원 + 2000원 = 2만 9000원$$
세 사람이 낸 돈(9000원×3) 주인한테 준 돈   합계

우리가 처음에 3만 원을 가지고 있었는데 1000원은 어디 갔지?

저·8·계 : (손을 내저으며) 나는 아니셔. 정말 아니셔.

손·5·0 : 나도 안 가져갔어.

?━_{해설} 논리적 판단 착오

언뜻 보면 4·5·정의 말이 맞는 것처럼 보이지만 사실은 그렇지가 않아 요. 1000원은 누가 더 가져간 것이 아닙니다. 세 사람이 낸 2만 7000원 가운데는 식당 주인한테 준 2000원도 포함되어 있는 것이죠. 그러니까 2만 7000원에 세 사람이 거슬러 받은 돈 3000원을 더하면 3만 원이 되 는 것입니다.

3만 원 = 2만 5000원 + 2000원 + 3000원

합계   음식값   식당 주인한테 준 돈   세 사람이 거슬러 받은 돈

이렇게 수학을 접하다 보면 논리적인 판단 착오로 인해 문제를 어렵 게 만드는 경우가 종종 있습니다. 너무 복잡하게 생각하는 것도 좋은 건 아니지요.

■4·5·정 생각

우리 나라 어느 명문 대학의 면접 시험 때 시험관이 "우리 나라 이발사 의 수는 몇 명인가?"라는 질문을 던져 수험생들을 당황하게 만든 적이 있었다. 이 문제는 단순히 이발사 수가 몇 명인지 파악하기 위해서 던진 질문이 아니다. 수험생들이 과연 얼마나 논리적인 사고를 가지고 있는 가를 알아보기 위한 것이었다.

이발소에 가는 사람은 남자다. 그리고 전체 인구의 절반은 남자이므 로 대략 몇 명이 이발소에 간다고 계산해 볼 수 있을 것이다. 한 명의 남 자가 한 달에 평균 몇 번의 이발을 한다고 가정하면 우리 나라의 전체 남자들이 총 몇 번의 이발을 한다는 것까지 생각할 수 있다.

또한 이발사 한 사람이 하루에 몇 명의 이발을 한다고 가정하면 한 달

동안 평균 몇 사람의 이발을 한다는 것도 대충 알 수 있는 문제이다. 그러므로 우리 나라 전체 남자들이 한 달에 이발하는 횟수에서 이발사가 한 달에 이발하는 횟수를 나누면 이발사의 수를 대략 파악할 수 있다.

물론 우리 나라의 남자 중에는 미용실에 가는 사람도 있고, 어린아이들의 이발 횟수는 보통 어른들보다 적다는 것 등의 예외적인 사항이 있을 수 있다.

그러나 수험생이 얼마나 논리적인 사고를 가지고 있는지 알아보기 위해서 던진 질문이었으므로 답이 틀렸다 해도 상관없다. 위의 문제를 풀때 중요한 것은 얼마나 논리적인 전개로 답을 이끌어 내느냐에 있는 것이다.

참고로 우리 나라 이발사의 수는 약 10만 명 정도이다.

$\sqrt[n]{\infty}$ 2. 참과 거짓

6학년 5반 반장인 4·5·정은 다음과 같은 말을 했습니다.

"6학년 5반 학생들은 다 거짓말쟁이다."

4·5·정의 이 말은 참일까요, 거짓일까요?(가정 : 참말을 하는 사람은 계속 참말만 하고, 거짓말을 하는 사람은 계속 거짓말만 한다)

만약에 위의 문장이 참이라면 4·5·정도 6학년 5반이기 때문에 거짓말을 하고 있습니다. 그러므로 위의 문장은 거짓이 됩니다.

위의 문장이 거짓이라면 6학년 5반 학생들은 참말을 하는 것이기 때문에 4·5·정이 한 말도 참이 됩니다.

어째서 동시에 참말도 되고 거짓말도 되는 것일까요?

?$\overset{\div+}{-}$해설 참과 거짓

우리는 참과 거짓이라는 말을 많이 사용합니다. 참이란 맞는 글이나 식

을, 거짓은 틀린 글이나 식을 가리키지요.

"4에다 5를 곱하면 20이 됩니다." $4 \times 5 = 20$

위의 문장이나 등식은 참이지만,

"4에다 5를 곱하면 19가 됩니다." $4 \times 5 = 19$

위의 문장이나 등식은 거짓입니다.

$4 \times \square = 20$이라는 등식에서 등식이 참이 되기 위해서 □ 안에 넣을 수 있는 숫자는 5 하나뿐입니다. 다른 숫자를 넣으면 거짓인 등식이 되겠죠.

참과 거짓을 판단한다는 것이 쉬운 것 같지만 깊게 생각해 보면 그렇지가 않습니다. 앞의 문제처럼 모순이 없이 참과 거짓이 동시에 이루어지는 것도 있으니까요. 이 문제는 그리스 시대부터 많은 학자들을 괴롭혔던 문제입니다.

참과 거짓을 올바르게 판단하는 것은 수학에서도 굉장히 중요한 문제입니다.

"이 세상에서 가장 큰 수는 있다"는 말은 거짓입니다. 그러므로 "이 세상에서 가장 큰 수는 없다"가 참인 문장이 되는 것입니다.

좀더 세련되게 표현해 볼까요?

"자연수는 유한 개이다"는 말은 거짓이므로 "자연수는 무한 개이다"는 말이 참이라고 증명되는 것입니다.

이것은 유클리드의 『원론』에 나오는 증명 방법입니다.

∮ 3. 명제

가. 4×5=20, 삼각형의 내각의 합은 180°이다. 철수는 남자다. 철수와 영희는 사람이다.

위의 문장이나 식은 참입니다.

나. 4×5=19, 고양이는 물고기이다. 돼지는 다리가 두 개다. 삼각형의 내각의 합은 400°이다.

위의 문장이나 식은 거짓입니다.

그렇다면 다음 문장이나 식은 참일까요, 거짓일까요?

다. 나는 커서 대통령이 될 거야.

천리 길도 한 걸음부터.

3×4

$x-2=4$

? ─ 해설 명제

위의 가와 나는 참과 거짓을 구별할 수 있지만 다의 문장이나 식은 참인지 거짓인지를 구별할 수가 없습니다. 여기서 참과 거짓을 구별할 수 있는 말이나 식을 '명제'라고 합니다. 그러므로 가와 나는 명제이지만 다는 명제가 아닙니다.

그러면 명제의 성질 가운데서 여러분이 알아두어야 할 몇 가지를 살펴보겠습니다.

"2 더하기 3이 5이면 3 더하기 2도 5이다."

이 문장은 참인 명제입니다. 이 명제를 살펴보면 'A이면 B이다'라는 형식으로 되어 있습니다. 이때 A를 가정, B를 결론이라고 합니다. 수학을 공부하다 보면 이렇게 가정과 결론이 있는 명제들을 많이 접하게 됩니다. 수학 문제는 대개 가정을 주고 결론을 구하라는 형식으로 되어 있기 때문입니다.

"~일 때, ~을 구하여라, ~는 ~이다" 등등.

다음 명제를 보세요.

"봄이 오면 꽃이 핀다. 그러므로 꽃이 피면 봄이 온다."

무언가 이상하지요?

의문이 있을 땐 그 의문이 풀릴 때까지 열심히 파헤치는 노력이 필요합니다. 그래야 수학 실력이 쑥쑥 늘어나지요.

먼저 이 문장은 두 부분으로 나누어져 있습니다.

첫번째 문장은 "봄이 오면 꽃이 핀다"입니다. 곧 'A이면 B이다' 라는 명제이지요.

그런데 두번째 문장을 보면 'B이면 A이다'로 되어 있습니다. 앞 문장의 가정과 결론을 바꾸어 놓은 것이지요.

가. "봄이 오면 꽃이 핀다"

　　A 이면 B 이다

나. "꽃이 피면 봄이 온다"

　　B 이면 A 이다

위의 명제에서 가의 명제가 참이라고 가정해 봅시다. 그렇다면 가 명제의 가정과 결론을 바꾸어 놓은 나의 명제는 참이 될까요?

아닙니다. 왜냐하면 여름이나 가을에 피는 꽃도 있기 때문에 '꽃이 핀다'는 가정으로부터 '봄이 온다'는 결론을 이끌어 낼 수는 없는 것입니다.

예를 하나 더 들어 볼까요?

'a, b가 짝수이면 a+b는 짝수이다'라는 참인 명제가 있습니다. 그렇다면 이 명제의 가정과 결론을 바꾸어 놓은 명제, 다시 말해 'a+b가 짝수이면 a, b는 짝수이다'도 참이 될까요?

a, b가 짝수이면 a+b는 짝수이다 : A 이면 B 이다

a+b가 짝수이면 a, b는 짝수이다 : B 이면 A 이다

1과 3, 두 홀수를 더하면 4가 됩니다. 1과 3은 홀수인데도 두 수를 더하면 짝수(4)가 되는 것이지요. 그러므로 'a+b가 짝수이면 a, b는 짝수이다'는 거짓 명제입니다. a+b가 짝수일 때 a, b가 홀수인 경우도 있으니까요.

이제 4·5·정이 여러분에게 하고 싶은 이야기가 무엇인지 알았지요? 어떤 명제가 참일 경우 그 명제의 가정과 결론을 바꾸어 놓은 명제가 꼭 참인 명제가 되는 것은 아니라는 사실을 기억하세요.

$\sum\limits_{n}$ 4. 증명

4·5·정 : 나는 진정한 남자다.

손·5·0 : 네가 무슨 남자냐, 만날 여자들하고 공기 놀이만 하구선.

4·5·정 : 그래도 나는 남자다.

손·5·0 : 그렇다면 네가 남자라는 것을 증명해 봐.

4·5·정 : 내가 엄마 따라 목욕탕에 들어갔는데 여자하고는 신체적인 구
조가 달랐어. 그러니까 나는 남자다.

손·5·0 : 웬일이니! 너 아직도 엄마 따라 목욕탕에 가니?

4·5·정 : 왜, 안 되냐?

손·5·0 : 그리고 또?

4·5·정 : 여자인 영희보다 힘이 세다. 팔씨름하면 내가 항상 이기거든.
그리고 나는 커서 아이를 낳지 못한대. 여자인 엄마는 아이를

낳는데 말이야. 그러니까 나는 틀림없는 남자라구. 그것 말고
도 아직 많아. 화장실에 가서 말인데 …… 읍!

손·5·0 : (4·5·정의 입을 틀어막으며) 알았어, 알았어. 이제 그만해. 너
남자야, 남자. 인정한다구.

?—(해설) 증명

증명이란 어떤 명제가 참임을 밝혀 내기 위해서 기본이 되는 성질이나
이미 옳다고 밝혀진 성질을 이용하여 가정에서 결론을 이끌어 내는 설
명 과정을 말합니다.

좀 어려운 이야기 같지만, 앞에서 4·5·정이 자기가 남자라는 것을
증명하기 위하여 여러 가지 사실을 이야기한 것과 같은 이치입니다.

예를 하나 더 들자면 "저·8·계는 돼지다"는 말을 증명하기 위해서
여러분은 저·8·계가 하루에 얼마나 많이 먹는지, 얼마나 뚱뚱한지,
한 끼에 몇 공기의 밥을 먹어 치우는지, 꿀꿀거리는 소리를 내는지 등의
이야기를 하면서 결론을 이끌어 낼 것입니다. 그러니까 여러분은 이미
증명의 원리들을 터득하고 있는 셈이죠.

 **5. 정리**

문제) 이등변 삼각형 ABC가 있다. 꼭지각 ∠A의 외각은 한 밑각 ∠B의 2배인 것을 증명하여라.

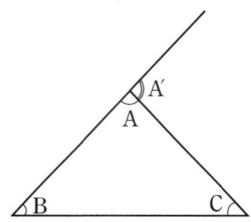

∠A′ = 2∠B 증명

?─ 정리

위의 식을 증명하기 위해서는 이등변 삼각형의 기본 명제 한 가지를 알고 있어야 합니다. 그 기본 명제란 '이등변 삼각형의 두 밑각의 크기는 같다' 는 것입니다.

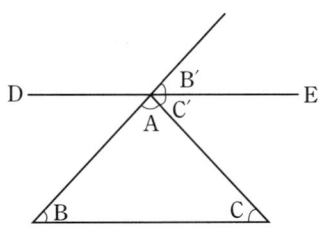

$\overline{BC}$에 평행한 직선 $\overline{DE}$를 그으면 다음 그림과 같이 됩니다.

이때 ∠B = ∠B′ (서로 동위각이다), ∠C = ∠C′ (서로 엇각이다)이고 이등변 삼각형의 두 밑각의 크기는 같으므로 ∠B = ∠C입니다.(∠B = ∠C = ∠B′ = ∠C′)

그러므로 그림에서 보는 것처럼 ∠A의 외각은 ∠B의 두 배, 즉 ∠A′ = 2∠B인 것입니다.

이처럼 '이등변 삼각형의 두 밑각의 크기는 같다'라는 명제는 이등변 삼각형의 기본이 되는 성질이며, 다른 문제를 증명할 때 활용되는 중요한 명제입니다. 이렇듯 증명된 명제 가운데 특히 기본이 되거나 앞으로 여러 가지 성질을 증명할 때 활용되는 중요한 것을 '정리'라고 합니다.

집을 짓기 위해 기초 공사를 하는데 이 기초 공사를 '정리'라고 표현하면 이해하기 쉽겠죠. 기초 공사가 되어 있어야 튼튼한 집을 지을 수 있는 것처럼 수학에서는 정리가 올바르게 증명되어 있어야 다음 문제를 해결하거나 증명해 나갈 수 있습니다.

정리는 그 명제 자체가 반드시 증명되어 있어야 합니다. 증명도 되지 않은 명제를 가지고 다른 명제를 증명할 수는 없으니까요.

그러면 유클리드의 『원론』에 나오는 몇 가지 정리를 소개할까 합니다.

※유클리드의 정리

제1정리 : 주어진 선분 위에 이등변 삼각형을 작도할 수 있다.

제2정리 : 주어진 점으로부터 주어진 직선과 같은 길이의 직선을 그을 수 있다.

제3정리 : 주어진 두 선분 가운데 큰 것으로부터 작은 것과 같은 길이의 선분을 얻을 수 있다.

제4정리 : 두 변과 그 사이에 있는 각이 같은 삼각형은 서로 합동이고, 같은 변에 대한 각은 같다.

제5정리 : 이등변 삼각형의 두 밑각의 크기는 같다.

🦫 6. 정의

3·10·법·4 : 삼각형이란 무엇인가에 대하여 누가 이야기해 볼까?

손·5·0 : 내각의 합이 180°인 도형이요.

4·5·정 : 세 변으로 이루어진 도형이요.

저·8·계 : 아니셔. 일직선 위에 있지 않은 세 점을 선분으로 이어 놓은 도형이셔.

2·2(둘이) : 세 개의 변과 세 개의 각으로 이루어진 폐곡선이오.

3·10·법·4 : 그만, 그만! 이야기를 더 듣다 보면 사공이 많아 배가 산꼭대기로 가는 것과 마찬가지로 정신없겠다. 너희들 말은 다 맞는데 이렇게 삼각형의 뜻이 여러 가지니까 혼란스럽지?

학생들 : 네!

3·10·법·4 : 그렇다면 삼각형의 뜻을 명확하게 나타내는 말은 없을까?

학생들 : …….

3·10·법·4 : '3개의 선분으로 된 폐곡선', 이 말은 어때? 이 말 속에는 너희들이 이야기한 대부분의 내용이 포함되어 있지. 3개의 선분으로 되어 있으니까 당연히 세 변이 있겠고 또 세 각이 존재하겠지. 그리고 세 점을 이어 놓은 선분으로 된 도형이겠고.

학생들 : 정말 그렇네요.

3·10·법·4 : 이렇게 용어의 뜻을 명확히 해 두면 너희들이 삼각형을 이야기할 때 삼각형은 세 변이 있구요, 세 각이 있구요, 세 내각의 합이 $180°$구요, 점은 세 개구요 하면서 장황하게 이야기하는 번거로움이 없어지지 않겠니?

학생들 : 네!

3·10·법·4 : 수학에서는 이렇게 용어의 뜻을 명확히 정해 둘 필요가 있는데 이것을 '정의'라고 한다. 삼각형의 정의는 '3개의 선분으로 된 폐곡선'인 셈이지.

4·5·정 : '정의의 기사' 할 때 그 정의인가요?

학생들 : 와하하하!

3·10·법·4 : 아, 그 정의와 이 정의는 다르단다. 오늘 배운 정의는 한자로 쓰면 定義, 즉 뜻을 정한다는 말이니라.

?㊎ 정의

정의란 용어에 대한 약속, 다시 말하면 용어의 뜻을 명확하게 정한 것입니다.

만약 대학교 면접 시험에서 삼각형을 정의해 보라고 한다면 이젠 "삼각형은요, 세 변과 세 각이 있구요, 세 내각의 합이 180° 구요, 점은 세 개구요 그리고 또······"라고 대답하지는 않겠지요. '정의'라는 것을 배웠으니까요. 그리고 수학에서 용어의 뜻을 명확하게 해 두는 것이 얼마나 중요한지도 알았겠지요?

유클리드가 쓴 『원론』의 제 1장도 23개의 정의로부터 시작하고 있습니다.

앞에서 배웠던

　1. 점은 부분이 없는 것이다.

　2. 선은 폭이 없는 길이다.

　3. 선의 끝은 점이다.

　4. 직선이란, 그 위의 점에 대해서 한결같이 늘어선 선이다.

등등은 『원론』에 실려 있는 정의들입니다.

정의의 개념은 수학적 논리의 시작이라고 할 수 있습니다.

중학교 1학년 때 '집합'이라는 것을 배웁니다. 그런데 만약 집합의 정의가 명확하지 않다면 어떤 결과가 나타날까요?

예를 들어 선생님이 학생들을 모아 놓고 "예쁜 사람들은 이쪽으로 집합해"라고 말했다고 가정합시다. 그러면 뚱뚱한 빵순이는 자기 집에서는 밥 잘 먹는 것이 제일 예쁘다고 했다면서 앞으로 나올 것이고, 키가 작은 짤순이는 자기를 따라다니는 짠돌이가 이 세상에서 자기가 제일 예쁘다고 했다며 나올 것이며, 인사 잘하는 인순이는 동네 사람들이 인사 잘해서 예쁘다고, 그리고 4·5·순은 부모님이 자기에게 마음이 예쁘다고 했다며 앞으로 나올 것입니다.

이 같은 오류는 집합의 명확한 정의를 모르기 때문에 생긴 것입니다. 수학에서의 집합은 '어떤 조건에 알맞은 대상이 명확하게 구별되는 모임'을 말합니다. 그러니까 앞에서 선생님이 말한 집합은 그 대상이 명확하게 구별되지 않는다는 데 문제가 있는 것입니다. 이처럼 정의를 이해하는 것은 수학을 더욱 체계적 · 논리적으로 배우는 밑거름이 된답니다.

∑ⁿ 7. 부정

4·5·정이 길을 가고 있는데 옆에서 아이들이 4·5·정 시리즈 이야기를 하며 웃고 있었습니다.

길 가던 아이 : 애들아, 내가 4·5·정 이야기 하나 해줄게.

　　이것을 본 4·5·정은 아이들에게 다가가 말했습니다.

4·5·정 : 내가 바로 4·5·정이시다!

길 가던 아이 : 뭐? 네가 4·5·정이라고? 말도 안 돼.

4·5·정 : 진짜라니까.

길 가던 아이 : 내 참 기가 막혀서. 네가 4·5·정이면 나는 손·5·0이다.

4·5·정 : 뭐? 손·5·0은 내 친군데 네가 무슨 손·5·0이냐?

길 가던 아이 : 그럼 나는 저·8·계다!

4·5·정 : (화를 내며) 진짜로 내가 4·5·정이라니까!

길 가던 아이 : 네가 4·5·정이 아니라고 하면 나도 손·5·0이 아니라고
　　　　　　할게.

4·5·정 : 네가 먼저 손·5·0이 아니라고 하면 나도 4·5·정이 아니라고
　　　　하지.

길 가던 아이 : 좋아. 나는 손·5·0이 아니다.

4·5·정 : 그것 봐. 너는 손·5·0이 아니라는 게 확실하지.

길 가던 아이 : 그러면 너도 4·5·정이 아니라고 해야지.

4·5·정 : 나는 진짜 4·5·정이라니까.

길 가던 아이 : (부들부들 떨며) 으윽, 분하다.

?÷+─해설 부정

부정이란 "어떤 일이 그러하지 아니하다고 단정하는 것"을 말합니다.
앞에서 보았듯 "나는 4·5·정이다"의 부정은 "나는 4·5·정이 아니다"
가 되는 것이죠. 그러면 부정이 포함된 여러 가지 관계를 살펴보도록 하
겠습니다.

　앞의 4·5·정 이야기를 가정과 결론으로 나누어 생각해 보면 다음과
같이 네 가지 경우로 요약됩니다.

　　(가) A이면 B이다 ― 주어진 명제 : 네가 4·5·정이면 나는 손·5·0이
　　　　　　　　　　　　　　　　다.

　　(나) B이면 A이다 ― 주어진 명제의 가정과 결론을 바꾸어 놓은 명
　　　　　　　　　　　　　　　제 : 내가 손·5·0이면 너는 4·5·정이다.

　　(다) A가 아니면 B가 아니다 ― (가)의 가정과 결론을 부정해 놓은 명
　　　　　　　　　　　　　　　　　　제 : 네가 4·5·정이 아니면 나는 손·5·0이 아니
　　　　　　　　　　　　　　　　　　다.

　　(라) B가 아니면 A가 아니다 ― (나)의 가정과 결론을 부정해 놓은 명
　　　　　　　　　　　　　　　　　　제 : 내가 손·5·0이 아니면 너는 4·5·정이 아니
　　　　　　　　　　　　　　　　　　다.

위에서 (가)와 (나) 또는 (다)와 (라)처럼 어떤 명제의 가정과 결론을 바꾸어 놓은 관계를 '역'이라 하고, (가)와 (다) 또는 (나)와 (라)처럼 어떤 명제의 가정과 결론을 부정해 놓은 관계를 '이'라 하고, (가)와 (라) 또는 (나)와 (다)처럼 위의 두 경우를 합쳐 놓은 경우, 즉 어떤 명제의 가정과 결론을 바꾸어 놓고 그 명제의 가정과 결론을 부정해 놓은 관계를 '대우'라고 합니다.

이 관계들을 그림으로 살펴보겠습니다.

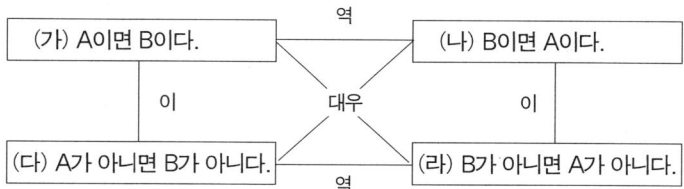

주목할 것은 수학에서는 어떤 명제가 참일 경우 그 대우인 명제도 참이 된다는 사실입니다. 어떤 명제와 그 대우인 명제의 참, 거짓은 일치한다는 것이죠.

앞에서 "네가 4·5·정이면 나는 손·5·0이다"란 명제가 참이면 그 대우인 명제, 즉 "내가 손·5·0이 아니면 너는 4·5·정이 아니다"는 명제도 참이 되는 것입니다.

이해를 더하기 위해 간단한 문제 하나를 풀어 봅시다.

"3+2=5이면 2+3=5이다"란 참인 명제가 있다면 그 대우인 명제, 즉 "2+3=5가 아니면 3+2=5가 아니다" 또는 "2+3≠5이면 3+2≠5이다"는 명제도 참이 되는 것입니다.

다시 생각해 보면 "3+2=5이면 2+3=5이다"는 말은 "2+3=5가 아니면 3+2=5가 아니다"는 말도 된다는 이야기입니다.

■부정의 부정은?

여러분은 부정을 다시 부정하면 어떻게 될까 의문이 생길 것입니다.

부정을 다시 부정하면 긍정이 되지요.(부정의 부정은 긍정입니다.)

앞에서 '나는 4·5·정이다'의 부정은 '나는 4·5·정이 아니다'이고
이 문장을 다시 부정하면 '나는 4·5·정이 아닌 것이 아니다' 즉 '나는
4·5·정이다'란 긍정인 문장이 됩니다.(명제 A의 부정의 부정은 원래의
명제 A이다.)

이것을 수학적으로 표현하면 어떤 문장이 참이라고 할 때 그 부정인
문장은 거짓이 되고 이 부정한 문장을 다시 부정하면 원래의 참인 문장
이 된다는 것이죠.

8. 모순

4·5·정이 타임 머신을 타고 날아간 곳은 옛날 중국 어느 마을의 시장. 4·5·정이 시장 이곳저곳을 구경하고 있을 때 한쪽에서 무기 장수가 사람들을 모아 놓고 장사를 하고 있었습니다.

"이 창은 무슨 방패든 다 뚫을 수가 있습니다. 또한 이 방패로 말씀드릴 것 같으면 무슨 창이든 다 막아 낼 수가 있습니다. 자, 골라아, 골라. 날이면 날마다 찾아오는 기회가 아닙니다. 애들은 가라."

무기 장수는 큰 소리로 외치며 사람들에게 창과 방패를 팔고 있었지요.

이때 4·5·정이 한마디 했습니다.

"아저씨, 그러면 이 창으로 이 방패를 찌르면 어떻게 됩니까?"

무기 장수는 얼굴이 새빨개져서 아무 말도 하지 못했답니다.

? 해설 모순

모순을 한자로 쓰면 矛盾, 즉 창과 방패라는 뜻입니다. 모순이란 말은 일의 앞뒤가 서로 맞지 않는 상태를 뜻하는 앞의 이야기에서 유래한 것이랍니다.

"한국과 미국의 축구 시합에서 한국이 3골, 미국은 2골을 넣어 결국 미국의 승리로 끝났습니다."

어때요? 위의 말이 모순이란 걸 금방 알 수가 있겠죠. 왜냐하면 한국이 3골, 미국이 2골을 넣었으면 3 : 2로 한국의 승리가 되기 때문입니다.

이렇게 무기 장수 이야기나 앞의 문장처럼 이치에 맞지 않는 경우를 모순이라고 말합니다.

9. 역설(패러독스)

기원전 5세기께 그리스의 철학자 제논은 아테네에 모여 있는 많은 학자들과 대화를 나누고 있었습니다.

제논 : 그리스에서 가장 빠른 사람은 누구입니까?

그리스 수학자 : 아따, 그거야 달리기의 영웅 아킬레스 아니오.

제논 : 그렇다면 내가 문제를 하나 낼 테니 맞추어 보시오. 달리기의 영웅 아킬레스와 거북이가 달리기 경주를 한다고 가정하고, 아킬레스보다 거북이가 느리기 때문에 거북이는 아킬레스보다 몇 m 앞에서 동시에 출발한다고 합시다.

그리스 수학자 : ?

제논 : 그렇다면 아킬레스는 자기 앞에서 기어가고 있는 거북이를 따라잡을 수가 없소이다.

그리스 수학자 : 그게 무슨 엉뚱한 소리요?

제논 : 내 말 좀 들어 보시오. 아킬레스가 거북이를 앞지르기 위해서는 거북이가 있던 지점에 도달해야 하지 않겠소? 이때 거북이는 그 지점보다 얼마만큼 앞으로 나아갈 것 아니오. 또 그 나아간 지점에 도달하면 거북이 또한 그 나아간 지점보다 얼마만큼 앞으로 갈 것이고, 이렇게 계속 같은 현상이 반복되다 보면 당연히 아킬레스는 거북이를 따라잡을 수 없지 않겠소.

그리스 수학자 : 그 말도 옳은 것 같기는 한데 좀 이상하군.

제논 : 그럼 이 문제는 어떻소? 화살은 결코 표적을 맞추지 못합니다.

그리스 수학자 : 아니 그건 또 무슨 소리요?

제논 : 화살이 어떤 표적을 맞추기 위해서는 화살과 표적 사이의 $\frac{1}{2}$ 지점에 도달해야 하지 않겠소?

그리스 수학자 : 그야 그렇지만.

제논 : 그런데 그 지점에 도달하기 전에 그 반인 지점에 먼저 도달해야
       하고 그전에 또 그전의 반……. 이런 식으로 계속하다 보면 결국
       화살은 영구히 표적에 도달하지 못하지 않겠소? 어떻소, 내 말이
       맞지요.

그리스 수학자 : 거 참 이상하군. 분명히 아킬레스는 거북이를 따라잡을
       수가 있고 화살은 표적에 도달하는데, 제논의 이야기를 논리적으
       로 반박할 수 없으니 말이야.

?÷+═(해설) 역설

위의 이야기는 기원전 5세기께 그리스의 철학자 제논(기원전 495~435)
이 제시한 가장 유명한 4가지 문제 가운데 2가지입니다. 그때는 제논과
같이 역설을 연구하는 학파들이 성행했는데 그들을 소피스트라고 불렀
습니다.

'역설'이라고 하면 일반적으로 인정되는 진리에 모순이 되는 의견을 말합니다. 그렇지만 모순이 되는 말을 다 역설이라고 하지는 않습니다. 그 속에 일종의 진리를 품고 있어야 하지요.

"영희가 커서 아이를 낳을 수 있다면 영희는 남자다." 이 말은 모순이지만 이 말 자체가 역설은 아닙니다. 모순되는 이 말에 이것은 이렇고 저것은 저래서 결국 위의 문장이 옳다는 논리적 설명이 있어야 역설이라고 합니다. 앞에서 본 제논의 역설도 그때의 수학자들이 논리적으로 반박하지 못했던 내용입니다. 이 문제는 미적분학이 등장한 17세기에 와서야 비로소 해결될 수 있었지요.

그럼 제논이 낸 문제가 무엇이 잘못되었는지 살펴보도록 할까요?

그 문제의 오류는 A 지점에서 B 지점까지 도달하는 데 걸리는 시간은 무한한 것이라는 데 있습니다. 현실적으론 A에서 B까지 도달하는 시간은 유한한 것인데도, 위의 이야기는 'A에서 B까지 도달하는 데 걸리는 시간은 무한정이다'라고 결론 짓고 있습니다.

이야기를 다시 한 번 재구성해 보겠습니다.

"100m 달리기를 할 때 100m 지점까지 도달하는 데 걸리는 시간은 무한정이다."

즉 무한의 개념을 명백히 이해하지 못했기 때문에 그리스 수학자들이 혼란에 빠진 것입니다. 그리고 역설을 해결하려는 노력은 수학의 발전을 이루어 내기도 했지요.

■ 제논의 나머지 두 문제

1. 날아가는 화살은 정지해 있다 ─ 날아가는 화살은 매순간 정지해 있다.(날아가는 화살을 카메라로 찍어 보면 정지 상태이다) 따라서 정지가 무수히 늘어서 있는 셈이므로 그것들을 합치면 날아가는 화살은 결국 정지해 있는 것이다.

2. 시간은 그 반의 시간과 같다 ─ 다음 그림 ①의 A, B, C에서 B와 C를 같은 속도로 반대 방향으로 움직이면 그림 ②가 된다. 이때 B를 기준으로 해서 A의 위치가 되게 하기 위해서는 오른쪽으로 원소 1만큼, C의 위치가 되게 하기 위해서는 원소 2만큼 이동해야 한다.

다시 말해 A까지 도달하는 시간은 1, C까지는 2가 되는 것이다. 그런데 그림 ①에서 동일한 시간에 그림 ②의 위치에 도달한 것이므로 그림 ②에서 살펴본 1과 2는 같은 시간이 되는 것이다. 결국 1과 2는 같은 시간이므로 "시간은 그 반의 시간과 같다"는 것이 증명되는 셈이다.

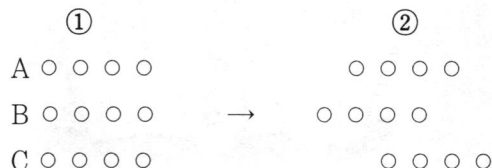

$\sum\limits_{}^{n}$ 10. 증명을 이끌어 내는 방법 1 : 직접 증명법

그리스 아테네 광장에서 여러 학자들이 모여 토론을 하고 있었습니다. 그 가운데는 당시 최고의 학자 아리스토텔레스도 있었지요.

아리스토텔레스 : 모든 인간은 죽습니다.

청중들 : 그것을 증명할 수가 있습니까?

아리스토텔레스 : 소크라테스, 플라톤, 석가모니, 공자 등은 죽었습니다. 그들은 모두 인간입니다. 그러므로 모든 인간은 죽습니다.

청중들 : 역시 아리스토텔레스는 그리스 최고의 학자구먼.

아리스토텔레스 : 그럼, 나 아리스토텔레스도 죽습니다.

청중들 : 그것 또한 증명을 해 보십시오.

아리스토텔레스 : 모든 인간은 죽습니다. 나, 아리스토텔레스도 인간입니다. 그러므로 아리스토텔레스도 죽습니다.

청중들 : 박수, 박수! 그런 간단한 증명 방법을 동원하니까 이해하기 쉬운데.

아리스토텔레스 : 우리가 증명을 하는 데는 두 가지 방법이 있습니다.

청중들 : 그게 무엇입니까?

아리스토텔레스 : 첫번째는 개개의 특수한 사실을 종합하여 거기에서 일반적인 원리를 이끌어 내는 일을 말합니다. 소크라테스, 플라톤, 석가모니, 공자 등이 죽었다는 개개의 특수한 사실로부터 모든 인간은 죽는다는 일반적인 원리를 증명해 낸 것처럼 말입니다.

청중들 : (조용)

아리스토텔레스 : 이렇게 증명해 가는 방법을 '귀납법(歸納法)'이라고 합니다. 그리고 두번째는 모든 인간이 죽는다는 일반적인 원리로부터 하나의 특수한 원리, 즉 아리스토텔레스는 죽는다는 결론

을 이끌어 내고 있지요.

청중들 : 감동적이군.

아리스토텔레스 : 이러한 증명 방법을 '연역법(演繹法)'이라고 합니다.

청중들 : 박수, 박수! 아리스토텔레스를 국회로!

?＝해설 직접 증명법

증명의 방법에는 직접 증명법과 간접 증명법이 있습니다. 직접 증명법은 가정에서 직접 결론을 이끌어 내는 증명 방법이고 간접 증명법은 우회적인 방법, 예를 들면 결론을 부정함으로써 주어진 명제가 참임을 밝혀 내는 방법을 말합니다.

　간접 증명법에 대해서는 다음에 보기로 하고 여기서는 직접 증명법을 살펴볼게요. 직접 증명법에는 일반적인 원리로부터 하나의 특수한 원리를 이끌어내는 연역법과, 그와 반대로 특수한 원리로부터 일반적인 원리를 이끌어 내는 귀납법이 있습니다. 그렇다면 수학에서 쓰는 증명 방법은 귀납법과 연역법 가운데 어느 것일까요?

　연역법입니다. "이등변 삼각형의 두 밑각의 크기는 같다"는 일반적인 원리에서 "이등변 삼각형의 꼭지각 ∠A의 외각은 한 밑각의 2배이다"라는 특수한 원리를 증명하는 것처럼 말이지요.

"$x-1=1$이면 $x=2$이다"를 증명하라는 간단한 문제에서도 "등식의 양변에 같은 것을 더하여도 그 등식은 성립한다"는 일반적인 원리로부터 출발하는 연역법을 쓰고 있습니다.

등식의 양변에 같은 것을 더하여도 그 등식은 성립한다.

$x-1=1$이라는 공식에서 양변에 각각 1을 더하면 $x-1+1=1+1$이다.

그러므로 $x=2$이다.

수학의 증명에서는 왜 귀납법을 쓰지 않고 연역법을 쓸까요?

앞에서 "삼각형의 내각의 합은 $180°$이다"는 것을 증명했습니다. 물론 '엇각, 동위각, 맞꼭지각의 크기는 같다'는 일반적인 원리에서 "삼각형의 내각의 합은 $180°$이다"라는 특수한 원리를 이끌어 낸 연역법을 사용했지요. 그러면 "삼각형의 내각의 합은 $180°$이다"를 귀납법을 사용하여 증명해 보겠습니다.

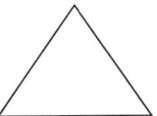

위에 그린 도형 5개의 내각의 합을 재어 보니 모두 $180°$였다.

위의 도형은 모두 삼각형이다.

그러므로 삼각형의 내각의 합은 $180°$이다.

그런데 귀납법을 이용한 위의 증명에서 한 가지 의문이 생깁니다. 과연 다음 삼각형의 내각의 합도 180° 일까요?

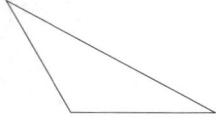

그러면 다음 삼각형은?

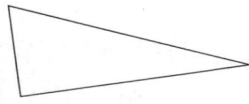

그리고 또……

이런 식으로 계속 의문을 제시할 것입니다. 즉 5개 삼각형의 내각의 합이 180°가 되었다고 해서 나머지 삼각형 모두가 내각의 합이 180°가 되느냐 하는 의문이 계속 생기는 것이죠. 4·5·정이 한 달 동안 도시락 반찬으로 김치를 싸 왔다고 해서 4·5·정의 도시락 반찬이 1년 내내 김치라고 말할 수 있느냐는 문제와도 같습니다.

수학에서 요구하는 답은 언제나 100% 확실한 답입니다. 2일 것도 같고 3일 것도 같고 아니면 2와 3이 아닐 수도 있고…… 하는 식의 답은 허용되지 않습니다. 100% 확실한 답을 찾아내기 위해 수학에서는 귀납법을 사용하여 증명을 하지 않고 연역법을 사용하는 것입니다.

귀납법을 이용한 증명 방법이 널리 이용되는 학문은 반복적인 실험을 통하여 얻어진 결론을 하나의 일반적인 원리로 보는 물리학이나 화학, 생물학 등 경험을 중시하는 과학 분야입니다.

■4 · 5 · 정 생각

수학에서는 앞에서 말했듯 귀납법을 증명의 방법으로 사용하지는 않는다. 그러나 연역법만으로 증명을 하기 곤란한 경우도 종종 발생한다.

예를 들면 앞에서 살펴보았던 사각수가 홀수의 합으로 되어 있고 자연수의 거듭제곱으로 나타낼 수 있다고 했는데 이를 증명해 보라는 문제 등이다.

홀수의 합	=	사각수	=	자연수의 거듭제곱
	=	1	=	1^2
1+3	=	4	=	2^2
1+3+5	=	9	=	3^2
1+3+5+7	=	16	=	4^2
1+3+5+7+9	=	25	=	5^2
1+3+5+7+9+11	=	36	=	6^2

$$\vdots$$

수학에서는 이럴 때 수학적 귀납법이라는 증명 방법을 이용한다.

수학적 귀납법은 일반적인 귀납법과 차이가 있고 수학에서 쓰이는 독특한 증명 방법이라고 할 수 있다.(수학적 귀납법은 고등학교에 올라가면 배우게 되므로 위 문제의 증명은 생략한다.)

$\sum_{n}^{n}$ 🦦 11. 증명을 이끌어 내는 방법 2 : 간접 증명법

4·5·정이 2·2의 사탕을 빼앗아 먹은 혐의로 경찰서에 가게 되었습니다.

경찰관 : 4·5·정, 네가 어제 오후 3시 정각에 학교 뒷골목에서 2·2의 사탕을 빼앗아 먹었지?

4·5·정 : 아, 아닙니다. 저는 결코 2·2의 사탕을 빼앗아 먹지 않았습니다.

경찰관 : 그럼 네가 범인이 아니라는 걸 증명해 봐.

4·5·정 : 만약 제가 범인이라면 어제 오후 3시에 학교 뒷골목에 있어야 합니다.

경찰관 : 그렇지.

4·5·정 : 그렇지만 저는 어제 오후 3시에 손·5·0, 저·8·계와 함께

손·5·0의 집에서 수학 숙제를 하고 있었습니다. 그러니까 저는 범인이 아닙니다. 의심 가시면 손·5·0과 저·8·계에게 물어 보세요.

경찰관 : 음 그래. 다시 한 번 정리해 보면, 4·5·정, 너는 2·2의 사탕을 빼앗아 먹지 않았다.

왜냐하면 만약에 네가 2·2의 사탕을 빼앗아 먹었다면 어제 오후 3시에 그 자리에 있었어야 한다. 그런데 너는 어제 오후 3시에 그 자리에 없었다.

그 자리에 없었는데 2·2의 사탕을 빼앗아 먹었다면 그것은 모순이다. 그러므로 4·5·정, 너는 2·2의 사탕을 빼앗아 먹지 않았다.

4·5·정 : 그렇습니다.

경찰관 : 보기 보단 똑똑하군. 그래, 좋아. 이제 집에 가도 좋다.

?━━(해설) 간접 증명법

간접 증명법을 대표하는 것이 귀류법입니다. 귀류법은 결론을 부정함으로써 주어진 명제가 참임을 밝혀 내는 방법이지요. 4·5·정이 '4·5·정은 범인이 아니다'란 사실을 증명하기 위하여 먼저 '4·5·정이 범인이다'라고 결론을 부정한 가정으로부터 시작한 것과 같은 방법입니다.

귀류법에는 두 가지가 있습니다. 하나는 결론을 부정한 후 얻어진 가정이 모순이라는 것을 밝혀 냄으로써 주어진 명제가 참임을 밝히는 방법입니다. ('A이면 B이다'에서 'A이면 B가 아니다'란 가정은 모순이다. 그러므로 'A이면 B이다'라는 명제는 참이다) 이것을 배리법이라고 합니다.

앞에서 4·5·정이 '4·5·정은 범인이 아니다'란 사실을 증명하기 위하여 먼저 결론을 부정한 '4·5·정이 범인이다'는 가정이 모순임을 증명한 것과 같은 이치이지요.

※ 배리법을 이용한 수학적 증명법

"자연수는 무수히 많다."

이 명제의 결론을 부정한 '자연수는 유한 개이다'란 명제가 모순이라는 것을 밝혀 내면 이 명제는 참이다.

〈증명〉 자연수가 유한 개라면 가장 큰 수가 존재해야 하는데, 가장 큰 수를 A라고 가정하면 A+1도 자연수이므로 가장 큰 수는 존재하지 않는다.

그러므로 자연수가 유한 개라는 말은 모순이다.

결국 자연수는 무수히 많다.

귀류법의 두번째 방법으로는 대우법을 들 수 있습니다. 대우법이란

'A이면 B이다'는 참인 명제에서 그 대우인 명제, 즉 'B가 아니면 A가 아니다'가 참임을 밝혀 냄으로써 주어진 명제가 참임을 증명하는 방법입니다.

여러분은 어떤 명제가 참일 때 그 대우인 명제도 참이 된다는 걸 알고 있지요? 이 원리를 증명의 방법으로 선택한 것이 바로 대우법입니다.

※ 대우법을 이용한 수학적 증명법

1. 〈명제〉 "자연수 m, n에 대하여 m×n이 짝수이면 m, n 가운데 적어도 하나는 짝수이다."

   〈증명〉 대우인 명제, 즉 "자연수 m, n이 모두 홀수이면 m×n은 홀수이다"가 참임을 증명하면 주어진 명제는 참이다.(증명 과정 생략)

2. 〈명제〉 "자연수 n에 대하여 n이 홀수이면 n^2은 홀수이다."

   〈증명〉 "자연수 n에 대하여 n^2이 짝수이면 n은 짝수이다"라는 명제가 참임을 증명하면 주어진 명제는 참이다. (증명 과정 생략)

12. 유클리드의 『원론』

논리적인 바탕 위에서 쓰여진 기하학의 대표적인 책이 유클리드의 『원론』입니다. 이 책은 기원전 3세기께 이집트 알렉산드리아 대학의 교수였던 유클리드가 그때까지 알려진 여러 학자들의 기하학 연구 성과를 집대성해 놓은 것이랍니다.

『원론』이 지금까지도 '기하학의 교과서'라고 불릴 만큼 널리 알려진 이유는 이 책이 가진 치밀한 구성력에서 찾을 수 있습니다.

『원론』의 내용을 살펴보면 23개의 정의, 5개의 공준, 5개의 공리로부터 시작하고 있습니다. 정의란 용어에 대한 약속을, 공준이란 기하학에서 누구나 의심하지 않고 받아들일 수 있는 고유한 약속을, 공리란 모든 학문에서 당연히 성립하는 공통적인 진리를 말합니다.

다시 말하면 정의란 용어에 대한 약속, 공준이란 기하학과 관련 있는 기본 명제, 공리란 일반적인 성격의 기본 명제를 말합니다.

〔유클리드의 공준〕

1. 임의의 점에서 임의의 점까지 직선을 그을 수 있다.
2. 유한의 직선을 계속해서 직선으로 연장할 수 있다.(유한한 선분은 양쪽으로 얼마든지 연장할 수 있다)
3. 임의의 점을 중심으로 하고, 임의의 반지름을 갖는 원을 그릴 수 있다.
4. 모든 직각은 서로 같다.
5. 두 직선이 하나의 직선과 만날 때 같은 쪽에 있는 두 내각의 합이 2 직각보다 작으면, 두 직선을 한없이 연장했을 때 반드시 2 직각보다 작은 각이 있는 쪽에서 만난다.

〈공준 5〉

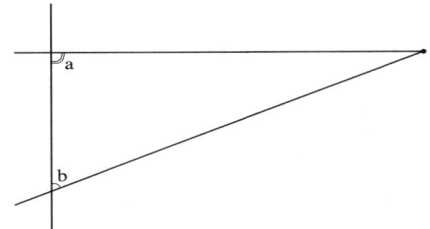

〔유클리드의 공리〕

1. 같은 것과 같은 것은 서로 같다 / a=b b=c일 때 a=c

2. 같은 것에 같은 것을 더하면 그 결과는 같다 / a=b일 때 a+c=b+c

3. 같은 것에서 같은 것을 빼면 그 나머지는 같다 / a=b일 때 a−c=b−c

4. 서로 겹쳐지는 것은 서로 같다

5. 전체는 부분보다 크다

유클리드의 『원론』이 높이 평가받는 이유는 매듭을 풀어 가듯이 체계적으로 서술되어 있기 때문입니다. 이 책은 점, 선, 면 등의 기본적인 요소들을 정의해 놓고 그 다음 점, 선, 면 등의 상호 관계를 규정해 놓은 공준을, 그리고 공통적인 진리라고 할 수 있는 공리를 이야기하고 있지요. 또한 정리를 증명하는 것으로 시작하여 도형의 가장 기본적인 삼각형으로부터 원뿔, 구, 다면체까지 이어지고 있습니다. 그리고 증명하는 방법에서도 직접 증명법과 간접 증명법을 적절히 사용하고 있지요.

■ 유클리드의 일화 1

어느 날 유클리드의 제자 한 사람이 기하학을 배우는 도중에 짜증 섞인 목소리로 이렇게 질문했습니다.

"선생님, 대체 기하학을 배워 무엇에 써먹습니까?"

그러자 유클리드는 이렇게 말했다고 합니다.

"이 사람에게 동전 하나를 던져 주어라. 배우면 무언가 이득이 생겨야 한다고 생각하는 모양이니까."

■ 유클리드의 일화 2

유클리드에게서 기하학을 배우던 이집트의 프톨레마이오스 왕이 기하학을 쉽게 배울 수 있는 방법이 없겠느냐고 물어 보자 유클리드는

"기하학에는 왕도가 따로 없습니다."

라고 대답했습니다.

5장 자연과 생활 속의 수학

진리는 먼 데 있지 않습니다. 우리가 무심히 지나치는 아주 사소한 곳에 늘 존재하니까요. 실생활이나 자연을 향해 조금만 관심을 기울여 보세요. 수학의 원리가 우리 주위에 널려 있다는 것을 알 수 있을 거예요.

이제부터는 실생활에서 쉽게 접할 수 있는 것들을 통해 수학에 대한 흥미를 한층 더 높여 볼까요?

한 장 한 장 넘길 때마다 아주 흥미 진진할 것입니다.

$\sum_{}^{n}$ 1. 타일 이야기

부엌 바닥이나 목욕탕을 보면 타일이 깔려 있습니다. 하지만 이 타일들을 자세히 관찰해 본 사람은 많지 않을 거예요.

타일의 모양은 대개 정삼각형, 정사각형, 정육각형입니다. 그렇다면 한 가지 의문이 생기겠죠.

왜 정오각형, 정칠각형, 정팔각형 타일은 없을까? 정오각형 한 가지 도형으로는 타일을 만들 수 없는 것일까?

?÷+ 해설

이 의문점을 풀기 위해 간단한 실험 하나를 해 보도록 하죠.

먼저 도화지를 오려 정오각형 세 개를 만든 뒤 빈틈이 생기지 않게 연결시켜 보세요.

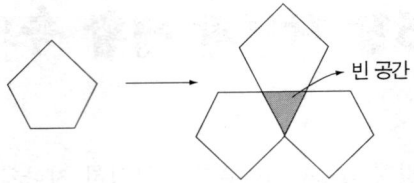

빈 공간

어떻게 연결해도 빈 공간이 생긴다는 것을 여러분은 쉽게 알 수 있을 것입니다. 정칠각형, 정팔각형, 정구각형 등의 도형을 가지고 같은 방법으로 실험해도 빈틈이 생기게 되지요.

한 가지 도형으로 타일을 붙인다고 가정할 때 빈틈없이 연결시킬 수 있는 정다각형은 정삼각형, 정사각형, 정육각형 세 종류뿐입니다. 왜 그럴까요?

아래 그림은 정삼각형, 정사각형, 정육각형을 가지고 타일을 붙여 놓은 것입니다.

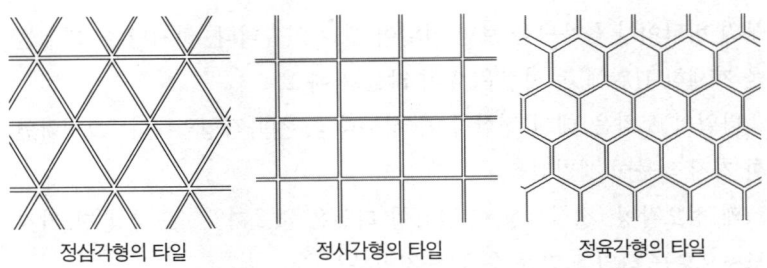

정삼각형의 타일   정사각형의 타일   정육각형의 타일

다음 그림에서 각각의 도형이 맞붙어 있는 점을 각각 A, B, C라 할 때 이 A, B, C는 하나의 공통점을 가지고 있습니다. 그것은 바로 점에 접하여 있는 각을 모두 합하면 360°가 된다는 것입니다.

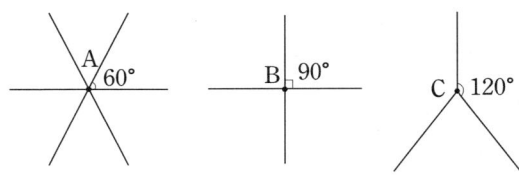

A → $60° \times 6 = 360°$ (정삼각형의 한 내각의 크기는 $60°$)

B → $90° \times 4 = 360°$ (정사각형의 한 내각의 크기는 $90°$)

C → $120° \times 3 = 360°$ (정육각형의 한 내각의 크기는 $120°$)

한 가지 도형으로 타일을 붙인다고 가정할 때 빈틈없이 연결시키기 위해서는 각 도형이 맞붙어 있는 점에 접하는 모든 각의 합이 $360°$가 되어야 하는 것이지요. 그런데 정오각형의 경우는 한 내각의 크기가 $108°$이기 때문에 어떤 식으로 연결시킨다 해도 $360°$가 나올 수 없지요. 그렇

기 때문에 빈틈이 생길 수밖에 없는 것이고요.

정다각형 이외의 도형들도 점에 접하는 각의 합이 360°가 되면 빈틈 없이 연결시킬 수가 있습니다.

아래 그림들은 정다각형 이외의 도형을 가지고 아름다운 타일을 만들어 놓은 것입니다.

 ## 2. 벌집 이야기

벌집은 정육각형으로 되어 있습니다. 어떤 종류의 꿀벌도 집은 항상 정육각형으로 짓지요. 왜 꿀벌은 다른 도형으로는 집을 짓지 않는 것일까요?

?÷±해설

타일 붙이기에서 설명했듯이 빈틈없이 연결시킬 수 있는 정다각형은 정삼각형, 정사각형, 정육각형 세 종류뿐입니다. 그렇다면 꿀벌이 집을 지을 때도 이 세 종류의 도형 가운데 하나를 선택해야 하겠지요. 그런데 유독 꿀벌은 정육각형만을 고집합니다. 정삼각형, 정사각형으로도 집을 지을 법한데 말입니다.

간단한 실험 한 가지를 통해 여러분의 이해를 돕고자 합니다. 도화지를 같은 크기로 세 장을 길게 오린 뒤 각각 삼각형, 사각형, 육각형을 만들어 보세요.

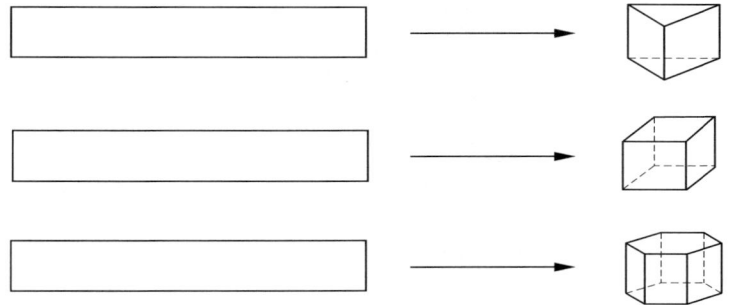

그런 다음 탁구공을 각 도형에 채워 보세요. 여러분은 정육각형에 탁구공이 제일 많이 채워진다는 사실을 발견할 수 있을 것입니다. 같은 크기의 재료로 도형을 만들 때 정삼각형, 정사각형의 넓이보다 정육각형의 넓이가 크다는 얘기겠지요.

꿀벌이 정육각형을 고집하여 집을 짓는 이유는 여기에 있습니다. 똑같은 재료로 집을 짓는다고 가정하면 정육각형으로 짓는 것이 적은 노력을 들이고도 꿀을 가장 많이 저장할 수 있기 때문이지요.

3. 황금비

어른들이 가지고 다니는 명함은 대개 크기가 같지요. 즉 가로와 세로의 비가 일정하다는 이야기입니다. 그뿐만이 아니에요. 교과서나 서점에 꽂혀 있는 책들도 일정한 규격을 가지고 있습니다.

이런 일정한 규격은 어디에서 유래되었을까요? 여러분은 그냥 '남들이 보기 편하도록 누가 만들었겠지'라고 쉽게 생각할지도 모르겠습니다. 그러나 이런 일정한 규격은 고대 이집트의 피라미드나 그리스의 파르테논 신전에서도 나타납니다.

일정한 규격을 가진 건축물이나 출판물들을 그냥 우연이라고 생각하나요? 그 속에는 분명 무언가 신비한 비밀이 숨겨져 있습니다.

파르테논 신전

여러분과 함께 도형을 한 개 만들어 보겠습니다.

첫째, 정사각형 '가나다라' 를 그리고, 한 변 '나다' 의 중점 '마' 와 꼭 지점 '라' 를 잇습니다.

둘째, 점 '마' 를 중심으로, '마라' 를 반지름으로 하는 원호를 그리고, 선분 '나다' 를 늘린 직선과의 교점을 '사라' 라고 합니다.

셋째, 선분 '나사' 위의 점 '사' 를 지나는 수선과 선분 '가라' 를 늘린 선과의 교점을 '아라' 라고 합니다.

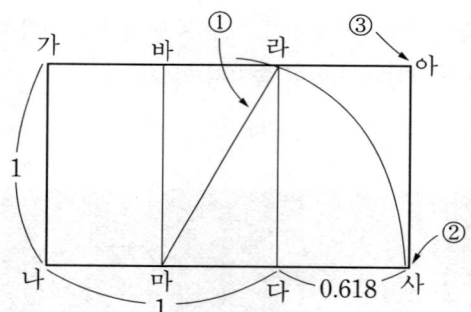

황금 분할의 직사각형 만들기

이 때, 직사각형 '가나사아' 의 가로, 세로의 크기는 1 : 1.618(약 5 : 8)입니다. 이렇게 직사각형의 가로 : 세로의 비가 1 : 1.618이 되는 것을 황금비라고 하고, 황금비로 선분을 분할하는 것을 황금 분할이라고 합니다.

㉔ 황금 분할의 비례

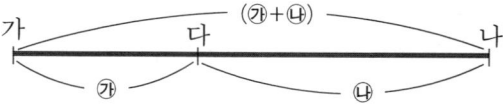

가다 : 다나＝다나 : 가나   ㉮ : ㉯＝㉯ : (㉮＋㉯)

㉮＝1일 때

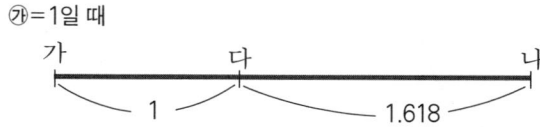

이 황금비는 가장 아름다운 조화를 나타내는 것으로 여겨져 예전부터
건축물이나 조각품, 미술품 등에 많이 사용되어 왔습니다. 명함이나 그
리스의 파르테논 신전, 이집트 피라미드의 가로, 세로 길이를 재어 보면

황금비로 되어 있다는 것을 알 수 있습니다. 인간의 신체도 배꼽을 중심으로 해서 황금 분할될 때 가장 아름답다고 합니다.

다음 그림의 별 모양도 황금비로 되어 있습니다.

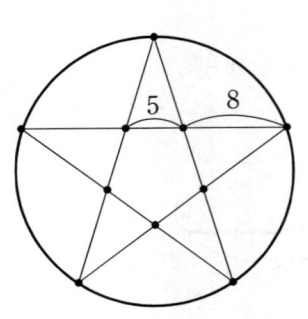

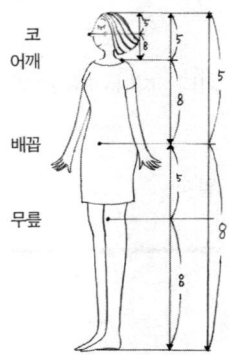

이 밖에도 황금비로 이루어진 조형물들을 찾아보면 많이 있습니다. 주위를 한번 유심히 둘러보세요. 신비의 세계가 여러분을 기다리고 있으니까요.

교과서의 가로 : 세로의 비도 황금비(1 : 1.618)로 되어 있을까요?

직접 자를 가지고 가로와 세로의 길이를 재어 보세요. 여러분은 가로 : 세로의 비가 대략 1 : 1.4 에 가깝다는 것을 확인할 수 있을 것입니다.

이것은 황금비 (1 : 1.618)와는 약간 차이가 있죠.

이 1 : 1.4라는 규격은 어디서 유래한 것일까요? 1.4는 여러분이 어디서 많이 본 것 같지 않으세요?

바로 무리수인 $\sqrt{2}$ = 1.414 …… 입니다.

이 비는 우리 나라의 황금비(조형비)라고 할 수 있습니다. 우리 나라의 석굴암, 다보탑 등을 보면 가로 : 세로의 비가 1 : 1.4에 가깝습니다. 이미 우리 나라에서는 $\sqrt{2}$ = 1.414 …… 라는 무리수를 알고 있었고, 이 무리수를 건축물에 폭넓게 이용했기 때문입니다. 유럽에서는 1 : 1.618의 황금비를 주로 이용했지만 우리 나라에서는 1 : 1.414의 황금비를 주로 사용했다는 것이죠.

교과서의 규격, 엽서의 규격, 서적의 규격 그리고 $A_1 \sim A_4$ 크기의 종이 등이 다 이러한 한국의 황금비(조형비)로 이루어져 있답니다. 한번 자를 들고 주변의 물건들을 재어 보세요. 책을 읽고 암기하는 것보다는 실제로 체험하는 공부가 더 뜻깊고 오랫동안 머리 속에 남을 테니까요.

$\sum_{}^{n}$  4. 13년 매미와 17년 매미

한여름에 울어 대는 매미는 단 몇 주일을 살기 위해 몇 년 동안을 유충으로 지내지요. 보통은 5~6년 만에 성충이 되지만 13년이나 17년 만에 성충이 되는 매미도 있습니다. 이 매미들을 13년 매미, 17년 매미라고 합니다.

그렇다면 이 매미들은 왜 하필이면 13년과 17년 만에 성충으로 태어나는 것일까요? 매미가 13년과 17년을 주기로 유충에서 성충으로 태어나는 것도 수학과 무관하지 않습니다. 그 수학적 비밀은 대체 무엇일까요?

자연 속에는 천적 관계라는 것이 있습니다. 매미에게도 천적이 있습니다. 그러므로 매미가 태어나는 해에 천적의 수가 적어야 그만큼 살아 남을 확률이 높겠지요? 그런데 바로 13년과 17년이 매미의 천적 수가 적은 해랍니다.

여기서 여러분은 한 가지 의문을 품을 것입니다. 그것은 13년과 17년에 매미의 천적들이 많이 태어나지 않는다는 것을 어떻게 알 수 있는가 하는 점이지요.

이 의문점을 풀기 위하여 매미의 천적들이 태어나는 해를 하나하나 따져 보도록 하겠습니다. 매미의 천적들은 대개 2~5년의 번식 주기를 가지고 있습니다.

※ **매미의 천적들이 태어나는 해**

2년 주기의 천적 → 2년, 4년, 6년, 8년, 10년, 12년, 14년, 16년, 18년……

3년 주기의 천적 → 3년, 6년, 9년, 12년, 15년, 18년, 21년……

4년 주기의 천적 → 4년, 8년, 12년, 16년, 20년……

5년 주기의 천적 → 5년, 10년, 15년, 20년……

매미 천적들의 번식 주기를 보면 13년과 17년이 빠져 있다는 걸 금방 알 수가 있습니다. 이것은 13년과 17년에는 매미 천적들이 많이 태어나지 않는다는 것을 의미하고, 그렇기 때문에 매미는 13년과 17년을 택하여 태어나는 것입니다.

그런데 매미 천적들이 태어나는 해를 나타낸 숫자들을 어디서 많이 본 것 같지 않으세요?

앞에서 소수를 배울 때 에라토스테네스가 소수를 구하기 위하여 수의 배수들을 지워 나가는 장면을 연상해 보면 13과 17은 다 소수라는 걸 알 수 있을 것입니다. 그러니까 매미는 소수를 자신들의 생존을 위해 사용한 것이지요.

5. 나팔꽃에 숨겨진 수학의 비밀

우리는 왼손잡이! 이 속에도 수학적 비밀이 숨어 있어요!

여름 들판에 피어 있는 나팔꽃은 참으로 아름답지요. 나팔꽃은 줄기가 가늘어서 자기 혼자의 힘으로는 위로 올라갈 수 없답니다. 그래서 다른 나뭇가지나 기둥을 이용하여 올라가지요. 나뭇가지를 휘감으면서 말입니다.

그런데 나팔꽃이 나무 기둥을 타고 올라가는 것을 자세히 관찰해 보면 몇 가지 새로운 사실을 알게 됩니다. 우선 나팔꽃은 왼쪽으로 휘감으면서 나무 기둥을 타고 올라갑니다. 마치 왼손잡이처럼 말이죠.

그리고 또 어떤 사실을 발견할 수 있을까요? 여러분의 수학 지식을 동원하여 나팔꽃에 숨겨진 비밀을 풀어 보세요.

다음 문제를 풀어 보면 나팔꽃의 비밀을 알아내는 데 도움이 될 거예요.

문제) 정육면체의 한 꼭지점에 거미 3마리가 있습니다. 3마리의 빠르기가 같다고 가정하고, 서로 동시에 출발하여 꼭지점 가의 위치까지 도달한다고 할 때 ㉠, ㉡, ㉢ 가운데 어느 방향으로 가는 거미가 가장 먼저 도착할 수 있을까요?

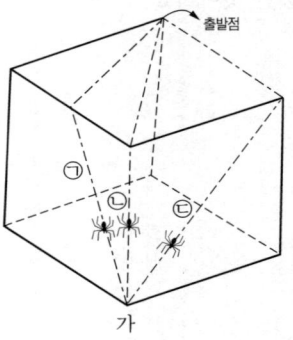

정답 : ㉠

위의 그림만 보고는 잘 이해되지 않겠지만, 아래 그림처럼 정육면체를 펴서 생각해 보면 ㉠ 방향이 가장 빠른 길이라는 걸 알 수가 있지요.

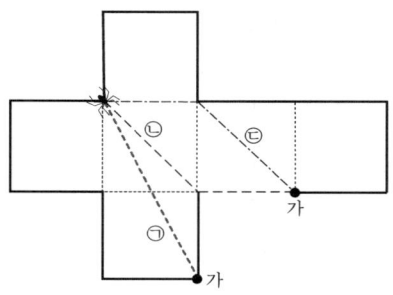

두 점을 잇는 가장 빠른 길은 직선입니다.

이제 여러분은 나팔꽃에 숨겨진 수학의 비밀을 아셨지요? 다음 그림에서 나팔꽃이 휘감고 올라가는 원통을 펴서 살펴보면 나팔꽃이 지나가는 길은 직선이 됩니다. 이 길은 나팔꽃이 위로 올라갈 수 있는 가장 빠른 길인 셈이죠.

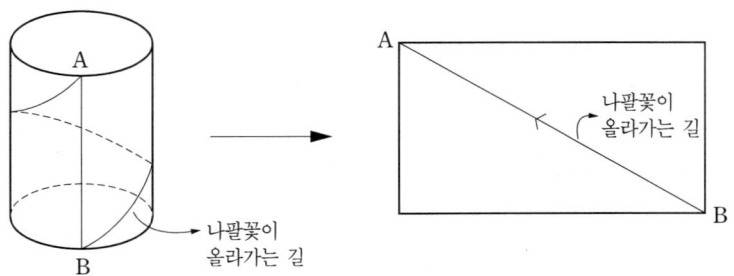

6. 자연 속의 피보나치 수열

앞에서 우리는 피보나치 수열에 대하여 배웠습니다. 다시 복습을 해 볼까요? 피보나치 수열이란 1, 1, 2, 3, 5, 8, 13, 21, 34, 55 …… 로 나가는 수열이지요. 이 수열은 앞에서 살펴보았듯이 어느 숫자든 앞의 두 수를 더하면 나타난다는 특성을 가지고 있습니다.

이 피보나치 수열을 자연 속에서 찾아볼 수는 없을까요? 뜻밖에도 피보나치 수열은 자연 속에 많이 존재하고 있습니다.

?÷+해설

시골 들판에 피어 있는 꽃들을 관찰해 보세요. 꽃잎의 수가 몇 개인지 말이죠. 꽃들의 꽃잎 수를 세어 보면 다음과 같은 배열을 하고 있다는 것을 알 수 있습니다.

1장 꽃잎 : 나팔꽃

2장 꽃잎 : 기린꽃

3장 꽃잎 : 튤립, 백합, 클로버, 아이리스, 트릴리움

5장 꽃잎 : 샌드라, 자스민, 미나리아재비, 콜롬바인, 들장미

8장 꽃잎 : 달리아, 금방울, 참제비고깔, 브러드루트, 코스모스

13장 꽃잎 : 칸나, 금잔화

21장 꽃잎 : 선인장, 애스터

34장 꽃잎 : 데이지

　……………

위에 적은 꽃들만이 아니라 대부분의 다른 꽃들도 이 같은 배열을 하

고 있습니다.

그러면 꽃들의 꽃잎 수를 다시 한 번 나열해 보지요.

1, 1, 2, 3, 5, 8, 13, 21, 34 ……

어때요? 피보나치 수열과 같지요?

이번에는 나뭇가지 수의 배열을 살펴볼까요?

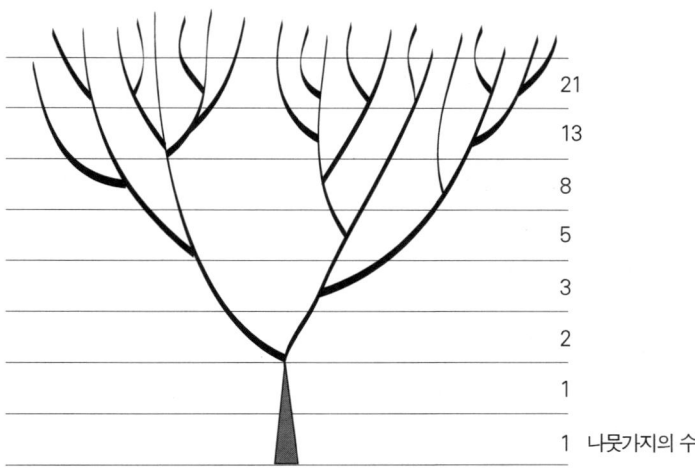

나뭇가지 수의 배열 또한 피보나치 수열을 이루고 있습니다. 물론 나무의 모양은 각양각색이지만 나뭇가지 수를 자세히 살펴보면 대부분 피보나치 수열을 이루고 있답니다.

그 밖에도 해바라기 씨의 구조, 암모나이트의 나선형 구조, 파인애플 모양 등도 피보나치 수열을 이루고 있습니다.

$\sum_{}^{n}$ 7. 기하 급수

문제 1) 세포는 하나에서 두 개로 나누어지는 세포 분열을 한다고 배웠을 것입니다. 세포 한 개가 1초에 한 번 분열한다고 가정하면 1분 뒤에는 얼마만큼의 세포가 생길까요?

문제 2) 신문을 50번 접으면 그 두께는 얼마일까요?(단, 신문 한 장의 두께를 0.1mm로 가정할 때)

우리는 일상 생활 속에서 기하 급수라는 말을 많이 사용합니다. 흔히 "인구는 기하 급수적으로 늘고 있다"고도 말하지요.

그러면 기하 급수적으로 증가한다는 말은 어느 정도로 늘어나는 것을 두고 하는 말일까요? 그런 점에서 위의 두 문제는 기하 급수적으로 증가하는 것의 좋은 예가 될 수 있습니다.

 기하급수

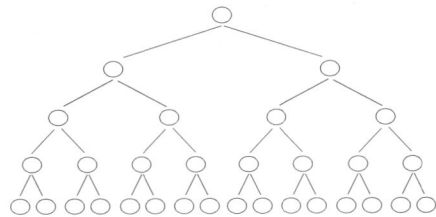

문제 1) 정답 :

1초 후 :　2개

2초 후 :　4개

3초 후 :　8개

4초 후 : 16개

·········

하나의 세포는 그림과 같이 1초 후에는 2개, 2초 후 4개, 3초 후 8개 ······ 이런 식으로 분열됩니다. 1분은 60초이므로 식으로 나타내어 풀어 보면 다음과 같습니다.

$x = 1 \times 2^{60}$

$x = 1152900533086847000$

세포 한 개가 분열하면 1분 뒤에는 1,152,900,533,086,847,000개의 세포가 생성되는 것입니다.

문제 2) 정답 :

신문을 50번 접었을 때의 두께 $x =$ 0.1mm$\times 2^{50} = 112590000$km입니다. 이것은 지구에서 태양까지 거리의 3분의 2에 해당하는 거리이기도 하죠.

이처럼 기하 급수적으로 증가한다는 것은 어떤 수가 2배, 3배, 4배 …… 로 증가하는 것을 말합니다. 앞의 두 문제를 통해 충분히 이해했겠지요? 또 다른 예를 하나 더 들어 볼까요?

어떤 회사 직원이 월급을 받는데 첫날은 100원을 받고 둘째 날은 첫날의 두 배, 셋째 날은 둘째 날의 두 배, 또 그 다음날은 전날의 두 배 ……. 이렇게 계산하여 한 달이 지나면 이 직원은 얼마의 월급을 받게 될까요?

100원 × 2^{30}

계산을 직접 해 보면 여러분이 생각하는 것보다 훨씬 많은 금액이 나올 것입니다. 이렇게 기하 급수적인 증가는 보통 생각하는 것보다 훨씬 큰 결과를 가져온답니다.

기하 급수라는 말은 다음 그림처럼 기하(도형)에서 많이 발견되기 때문에 붙여진 이름입니다.

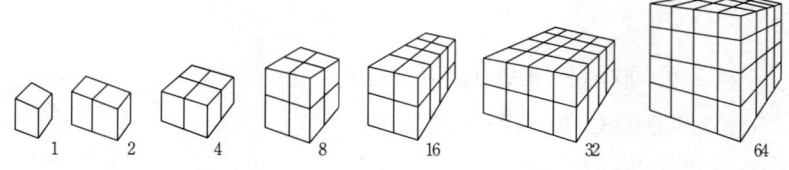

1   2   4   8   16   32   64

8. 달력 이야기

우리 명절 가운데 설날이 있습니다. 설날에는 먹을 것도 많을 뿐만 아니라 어른들께 세뱃돈도 탈 수 있고 특히 공휴일로 지정되어 있으니까 1년 중 가장 기다리는 날 가운데 하나일 것입니다. 그런데 달력을 보면 설날이 두 번이라는 것을 알 수 있습니다. 양력 1월 1일도 설날이고, 음력 1월 1일도 설날이니까요. 양력 1월 1일은 양력설, 음력 1월 1일은 음력설이라고 하지요.

그런데 양력과 음력 가운데 어느 것이 더 과학적인 것일까요?

현재 우리가 쓰고 있는 달력은 양력에 기초한 것입니다. 그렇지만 추석과 단오, 정월 대보름 같은 명절은 음력을 따릅니다. 그리고 생일은 양력을 선택하기도 하고 음력을 선택하기도 하지요.

이제부터 양력과 음력에 관한 이야기를 통해 여러분의 궁금증을 하나하나 풀어 보겠습니다.

태양력(양력)

태양력이란 지구가 태양의 주위를 한 바퀴 도는 데 걸리는 기간을 1년으로 하여 만들어진 역법입니다. 지금 세계적으로 사용되고 있는 달력이 이 태양력을 기초로 만들어진 것입니다.

우리는 흔히 1년을 365일로 알고 있지만 1년은 정확히 365.2422일입니다. 소수점 이하인 0.2422일은 4년에 한 번씩 1일을 더 보태어 달력에 표기하고 있지요. 우리는 1년이 366일 되는 해를 윤년이라고 말합니다. 4년에 한 번은 1년이 365일이 아니라 366일이 되는 셈이죠.

달력의 변천사를 볼까요?

지금부터 4000년 전 이집트에는 1년에 한 번씩 나일강이 범람하여 대홍수가 일어났습니다. 그래서 1년이 정확히 얼마나 되는지 알 필요가 있었습니다. 왜냐하면 홍수가 일어나기 전에 미리 대비해야 했으니까요.

이집트 사람들은 시리우스 별자리를 관찰하여 1년이 365일이라는 것을 알았답니다. 하지만 더 정확하게는 365일보다 약간 길었지요. 결국 이집트 왕 톨레미 3세는 4년째 마지막 날을 휴일로 공포하여 쉬게 하였답니다. 이것이 오늘날 윤년의 시작인 셈입니다.

뒷날 로마의 율리우스 시저가 이집트를 정복한 뒤 이집트의 1년의 기준을 로마에 도입하여 기원전 45년 1월 1일을 출발점으로 하고 1년은 365일, 4년에 한 번씩은 윤년으로 지정하는 율리우스력을 시행하게 되었답니다. 그렇지만 율리우스력이 정확한 것은 아니었습니다. 왜냐하면

1년은 365.2422일이니까 365.25일로 계산한 율리우스력과는 약간의 차이가 있었죠.(4년에 한 번이 윤년이었으므로 365일+$\frac{1}{4}$일=365.25일)

오랜 세월이 흘러 이 차이는 점점 커지게 되었고 결국 이 차이를 해결하지 않으면 안 되었습니다. 그래서 1582년 로마 교황 그레고리 13세는 4년마다 윤년을 두고 100으로 나누어지는 윤년(……1900년, 2000년, 2100년……) 가운데 400으로 나누어지지 않는 해는 윤년에서 제외시켰습니다. (1900년, 2100년은 윤년에서 제외) 오늘날 우리가 쓰고 있는 달력은 이 그레고리가 창안한 달력인 셈입니다.

그렇다고 현재 쓰고 있는 달력이 완전한 것은 아닙니다. 날짜와 요일이 달마다 그리고 해마다 다르고, 한 달의 길이도 달마다 같지 않으니까요.

이와 같은 불편함을 알면서도 왜 새로운 달력을 만들려는 노력을 하지 않는 것일까요? 사실 그러한 시도가 1954년에 있었습니다. 유네스코

제1기

	1월						
	일	월	화	수	목	금	토
	1	2	3	4	5	6	7
	8	9	10	11	12	13	14
	15	16	17	18	19	20	21
	22	23	24	25	26	27	28
	29	30	31				

	2월						
	일	월	화	수	목	금	토
				1	2	3	4
	5	6	7	8	9	10	11
	12	13	14	15	16	17	18
	19	20	21	22	23	24	25
	26	27	28	29	30		

	3월						
	일	월	화	수	목	금	토
						1	2
	3	4	5	6	7	8	9
	10	11	12	13	14	15	16
	17	18	19	20	21	22	23
	24	25	26	27	28	29	30

제2기

	4월						
	일	월	화	수	목	금	토
	1	2	3	4	5	6	7
	8	9	10	11	12	13	14
	15	16	17	18	19	20	21
	22	23	24	25	26	27	28
	29	30	31				

	5월						
	일	월	화	수	목	금	토
				1	2	3	4
	5	6	7	8	9	10	11
	12	13	14	15	16	17	18
	19	20	21	22	23	24	25
	26	27	28	29	30		

	6월						
	일	월	화	수	목	금	토
						1	2
	3	4	5	6	7	8	9
	10	11	12	13	14	15	16
	17	18	19	20	21	22	23
	24	25	26	27	28	29	30	W

제3기

	7월						
	일	월	화	수	목	금	토
	1	2	3	4	5	6	7
	8	9	10	11	12	13	14
	15	16	17	18	19	20	21
	22	23	24	25	26	27	28
	29	30	31				

	8월						
	일	월	화	수	목	금	토
				1	2	3	4
	5	6	7	8	9	10	11
	12	13	14	15	16	17	18
	19	20	21	22	23	24	25
	26	27	28	29	30		

	9월						
	일	월	화	수	목	금	토
						1	2
	3	4	5	6	7	8	9
	10	11	12	13	14	15	16
	17	18	19	20	21	22	23
	24	25	26	27	28	29	30

제4기

	10월						
	일	월	화	수	목	금	토
	1	2	3	4	5	6	7
	8	9	10	11	12	13	14
	15	16	17	18	19	20	21
	22	23	24	25	26	27	28
	29	30	31				

	11월						
	일	월	화	수	목	금	토
				1	2	3	4
	5	6	7	8	9	10	11
	12	13	14	15	16	17	18
	19	20	21	22	23	24	25
	26	27	28	29	30		

	12월						
	일	월	화	수	목	금	토
						1	2
	3	4	5	6	7	8	9
	10	11	12	13	14	15	16
	17	18	19	20	21	22	23
	24	25	26	27	28	29	30	W

세계력표

※ 이 표에서 보면 1년은 364일이 됩니다. 남는 1일은 요일 없이 12월 30일 다음에 넣어 휴일로 정하고, 윤년 또한 6월 30일 다음에 넣어 휴일로 정합니다.

총회에서 세계력 사용을 논의했지만 종교적인 이유 등으로 채택되지 못했답니다. 다음 그림은 그때 논의되었던 세계력입니다.

?÷—해설 태음력

태음력이란 달의 삭망 주기를 기초로 하여 만든 역법입니다. 삭망 주기가 무엇이냐고요? 1삭망 주기란 초승달에서 보름달을 거쳐 다시 하현달, 그믐달이 되는 데 걸리는 기간을 말하는 것이랍니다.

1삭망 주기는 정확히 29.5306일이 됩니다. 그래서 태음력은 12달을 1년으로 하는데 그 가운데 6달은 1달이 29일인 작은 달, 나머지 6달은 1달이 30일인 큰 달로 구성되어 있습니다.

수천 년 전 바빌로니아에서는 승려들이 달의 모양을 관찰했는데, 새로운 달이 시작되는 때에 피리를 불어 주민들에게 알려주었다고 합니다.

그런데 태음력을 쓰게 되면 태양력과 1년의 일수가 맞지 않는다는 문

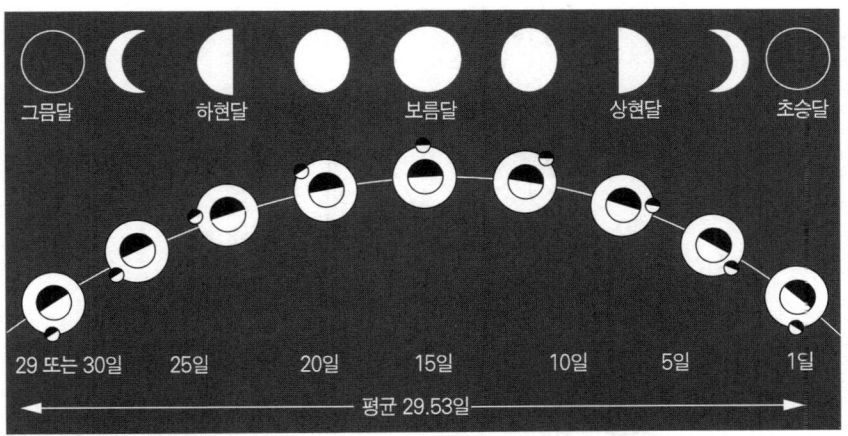

그믐달　　하현달　　보름달　　상현달　　초승달

29 또는 30일　　25일　　20일　　15일　　10일　　5일　　1일

평균 29.53일

※ 처음에는 달을 처음 본 날을 1일로 했으나 나중에는 초승달의 날을 1일로 정했다.

제가 생깁니다. 태음력의 1년은 354일(1달의 평균 일수 29.5 ×12 =354 일)인데 태양력의 1년은 365일이니까 11일이나 차이가 생기는 것이지요.

태양력과 1년의 날짜가 맞지 않는다는 것은 결국 계절이 맞지 않는다는 이야기지요. 그러므로 태음력을 사용한다면 계절의 변화를 알 수 없겠지요. 그래서 1년의 일수를 태양력에 근접하게 맞출 필요가 생겼습니다. 결국 태음력에서는 19년에 7번의 윤년을 두게 되었지요. 윤년인 해는 1년이 13달이나 되는 것입니다.

태음력에서 19년에 7번의 윤년을 두면 태양력의 1년 날짜와 맞추어지는지 계산을 해 볼까요?

먼저 태양력의 1년은 365.2422일입니다. 그러므로 19년의 총 일수는 6939.6882일입니다.

태양력 → 365.2422일 × 19 = 6939.6882일

　달의 1삭망 주기는 29.5306일입니다. 그런데 19년 동안 7번의 윤년을 두면 총 개월 수는 235개월이 되지요 그러므로 19년 동안의 총 일수는 6939.6822일입니다.

태음력 → 29.5306일 × 235 = 6939.6822일

　어때요? 태양력의 총 일수와 태음력의 총 일수가 거의 일치하지요? 이 태음력은 주로 중국과 그리스 그리고 우리 나라에서 사용되어 왔습니다.

?÷±해설 24절기

태음력이 태양력과 일수를 맞추었다고 해서 문제가 다 해결된 것은 아니었어요. 태음력에서 윤년인 해는 13달입니다. 다시 말해 태양력의 1년 12달과 무려 한 달 가까이 차이가 생기죠. 윤년이 아닌 해라도 11일이라는 차이가 생깁니다.
　이러한 차이로 인해 우리 조상들은 농사를 짓는 데 굉장히 불편을 겪었습니다. 모내기는 언제 해야 하고 작물은 언제 심어야 하는지를 정확히 알아야 하는데, 태음력을 사용하면 태양력과 적게는 11일, 많게는 한 달이나 차이가 생기기 때문이었지요.
　그래서 우리 조상들이 생각해 낸 것이 태음력에 태양의 운동, 다시 말해 태양력을 도입한 역법이었습니다. 24절기라는 태양력의 원리를 도입한 것이지요. 보통 24절기를 태음력으로 잘못 알고 있는 경우가 많은데 24절기는 태양의 운동을 근거로 한 태양력인 셈입니다.

24절기는 어떠한 근거에 따라 만들어진 것일까요?

다음 그림에서처럼 지구가 태양의 주위를 한 바퀴 돌면 360°가 됩니다. 이 360°를 15° 간격으로 나누면 24가 되고요.(360 ÷ 15 = 24)

지구가 태양의 주위를 한 바퀴 돌면 360°가 되는데 이를 15° 간격으로 나누어 각 분점에 절기명을 붙인 것을 24절기라고 합니다. 개구리가 깨어난다는 경칩(驚蟄), 봄이 시작된다는 입춘(立春), 낮이 가장 길고 밤이 가장 짧다는 하지(夏至), 밤이 가장 길고 낮이 가장 짧다는 동지(冬至) 등이 24절기의 이름입니다.

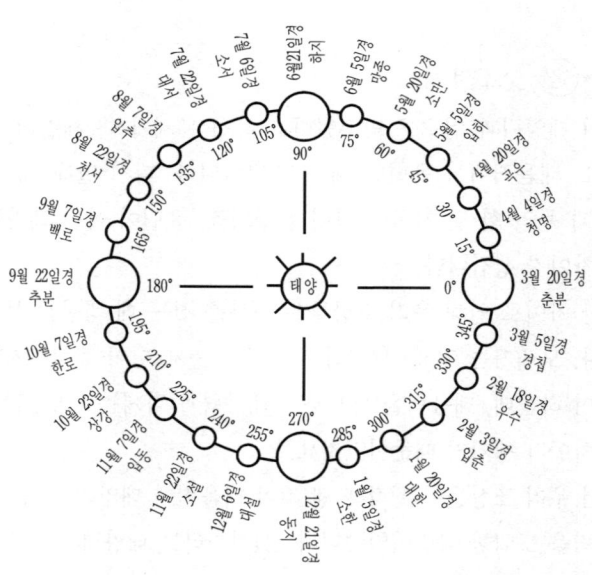

    태양력과 태음력 가운데 어느 것이 더 과학적인가는 여러분이 판단할 문제입니다. 그러나 우리 조상들이 사용한 태음력에 24절기를 도입한 역법이야말로 참으로 과학적이라는 것을 여러분도 느낄 수 있겠지요.

9. 10간과 12지

여러분은 무슨 띠인가요? 뱀띠? 닭띠? 돼지띠? 개띠?……. 어른들은 가끔 여러분에게 무슨 띠인가를 물어 보지요. 여러분이 커서 결혼할 시기가 되면 어른들은 더 더욱 무슨 띠인가를 따지게 됩니다.

띠의 뜻을 국어 사전에서 찾아보면 다음과 같이 적혀 있습니다.

> **띠** : 사람이 난 해의 지지(地支)를 상징하는 동물의 이름을 그 사람에게 결부시켜 이르는 말.

이 가운데 낯선 단어가 보이지요? 바로 지지(地支)라는 단어입니다. 다시 자전에서 地와 支의 뜻을 찾아보면 땅과 나뭇가지를 뜻한다고 되어 있습니다. 그래도 여러분의 띠에 대한 궁금증은 풀리지 않았을 것입니다.

드라마 사극을 보면 가끔 이런 대사를 듣게 됩니다. "자(子)시에 만납시다" 또는 "축(丑)시에 보지요"라는 대사 말입니다. 그런데 자시나 축시는 대체 언제를 가리키는 말일까요?

또 임진왜란, 병자호란, 기미년 3·1 운동 같은 말은 많이 들었지요?

임진왜란이란 말 그대로 임진년에 일본 사람들이 우리 나라에 쳐들어와 일으킨 전쟁을 말한다는 것쯤은 다 아실 거예요. 하지만 임진년, 병자년, 기미년 같은 말을 대체 어떻게 정한 것인지 궁금해 한 적이 있나요?

위의 이야기들은 모두 10간(干), 12지(支)와 연관되어 있습니다.

간(干)은 천간(天干)을 줄인 말로 나무 줄기를 뜻하고, 양과 하늘을 나타냅니다. 지(支)는 지지(地支)를 줄인 말로 나무의 가지를 뜻하고,

음과 땅을 나타냅니다. 10간과 12지를 나열해 보면 다음과 같아요.

10간 갑 을 병 정 무 기 경 신 임 계
12지 자 축 인 묘 진 사 오 미 신 유 술 해

사람이 태어난 해의 지지는 12지가 되는 것이고 여기에 쥐, 말, 닭 등 상징하는 동물을 연결시키면 그 사람의 띠가 되는 것이지요.

12지	자	축	인	묘	진	사	오	미	신	유	술	해
상징 동물	쥐	소	범	토끼	용	뱀	말	양	원숭이	닭	개	돼지

자시, 축시도 12지를 나타내는 말입니다.

옛날 사람들은 하루를 12지로 나타냈지요. 지금의 하루는 24시간이 므로 옛날에 말하던 하나의 지는 오늘날의 2시간을 나타냅니다. 이것도 그림으로 나타내 보면 이해하기 쉽습니다.

산수 문제 하나를 풀어 보세요.

10간과 12지를 앞에는 간이 오고 뒤에는 지가 오도록 일 대 일로 연결시켰을 때 갑자에서 계해까지 모두 연결한다면 과연 몇 개나 될까요? (갑자, 을축, 병인, 정묘 …… 신유, 임술, 계해)

답은 60개입니다.

두 수의 최소 공배수를 구해 보면 60간지가 탄생하는 것이지요.

옛날 사람들은 해를 나타내는 데 60간지를 사용했습니다. 기미년, 병자년, 임진년 등도 다 이 60간지 안에 포함되어 있습니다.

■60간지

갑자	을축	병인	정묘	무진	기사	경오	신미	임신	계유
갑술	을해	병자	정축	무인	기묘	경진	신사	임오	계미
갑신	을유	병술	정해	무자	기축	경인	신묘	임진	계사
갑오	을미	병신	정유	무술	기해	경자	신축	임인	계묘
갑진	을사	병오	정미	무신	기유	경술	신해	임자	계축
갑인	을묘	병진	정사	무오	기미	경신	신유	임술	계해

 **10. 홀수와 짝수**

자연수는 홀수와 짝수로 나누어집니다. 지금은 단순히 1, 3, 5, 7, 9 …… 는 홀수, 2, 4, 6, 8, 10 …… 은 짝수로 나누는 것에 불과하지만 옛 선인들은 홀수와 짝수에 특별한 의미를 부여했습니다. 홀수는 양, 짝수는 음을 의미한다고 했지요.

홀수와 짝수에 대하여 좀더 알아 볼까요?

?÷±해설

홀수는 양, 짝수는 음을 상징한다고 했습니다. 좀더 살펴보자면 홀수는 하늘, 짝수는 땅 그리고 홀수는 주체적이고 적극적인 면, 짝수는 종속적 이고 소극적인 면을 의미하지요. 한마디로 홀수는 아버지에 비유되고 짝수는 어머니에 비유될 수 있습니다.

옛 선인들은 짝수보다는 홀수를 선호했습니다. 우리의 명절을 살펴보기만 해도 쉽게 알 수 있는 일이지요.

먼저 홀수가 겹쳐지는 날들을 나열해 볼까요?

1월 1일, 3월 3일, 5월 5일, 7월 7일, 9월 9일, 11월 11일

물론 옛 선인들은 음력을 사용했기 때문에 이것은 음력 날짜들입니다. 이 날들을 달력에서 찾아보면 다음과 같은 사실을 발견하게 됩니다.

1월 1일 – 정월 초하루 : 1년이 시작되는 날

3월 3일 – 삼짇날 : 새 봄을 맞이하는 날

5월 5일 – 단오 : 수리 또는 천중절이라고 함. 풍작을 기원하여 제사지내던 명절

7월 7일 – 칠석날 : 견우와 직녀가 만난다는 전설이 전해짐

9월 9일 – 중양절 : 제비가 강남으로 돌아간다는 날로, 중구(重九)라고도 함

어때요? 홀수가 겹쳐지는 날은 대부분 명절로 되어 있습니다. 그만큼 우리 조상들은 홀수를 선호한 것이지요.

# 11. 나이에 얽힌 이야기

보통 쓰는 우리의 나이는 실제 태어난 해보다 1~2년을 더한 것입니다. 왜 그렇게 되는지 나이에 대한 궁금증을 풀어 보도록 하죠.

우리가 일상 생활에서 쓰는 나이는 보통 1년을 기준으로 하고 있습니다. 예를 들면 1999년 1월 1일에 태어난 아이나 1999년 12월 31일에 태어난 아이는 똑같은 나이인 셈이죠.

그렇다면 1999년도에 태어난 아이가 2000년이 되면 1살이 될까요? 아닙니다. 1999년도에 태어난 아이는 2000년이 되면 2살이 됩니다. 왜냐고요?

예를 들어 1999년도 1월 1일에 태어난 아이가 2000년 1월 1일이 되어야 1살이 된다고 가정해 봅시다. 그러면 1999년도에는 0살이 됩니다. 1999년 0살, 2000년 1살, 2001년 2살 …… 이렇게 되는 것입니다. 그렇지만 0살이라고 부르는 것은 아무래도 우리 나라의 정서로 볼 때는 어색하지요. 그래서 갓 태어난 어린아이도 태어난 해에 1살이라고 하는 것입니다.

그렇다면 1999년 12월 31일에 태어난 아이는 2000년 1월 1일날 2살이 되는 것일까요?

맞습니다. 12월 31일날 태어난 아이는 하루가 지나면 2살이 되는 것입니다.

이러한 불편함 때문에 '만' 이라는 나이를 쓰기도 하는 것이죠. 만 몇 세라는 것은 태어난 날로부터 1년이 지난 뒤에는 1살, 2년이 지난 뒤에는 2살 …… 이런 식으로 셈하는 것을 말합니다.

1999년 1월 1일날 태어난 아이는 2000년 1월 1일이면 만 1세가 되고, 1999년 12월 31일날 태어난 아이는 2000년 12월 31일에 만 1세가 되는 것이지요.

우리의 나이 계산 방법은 다른 나라와 차이가 있습니다. 미국 같은 나라에서는 우리 나라의 만 나이에 해당하는 계산법을 쓰고 있습니다.

가끔 미국 프로야구 경기를 보면 아나운서가 선수들의 나이를 이야기하면서 우리 나이로는 몇 세라고 덧붙여 이야기하는 것을 들을 수 있습니다. 미국과 우리 나라의 나이 계산법이 틀리기 때문이죠.

우리 나라 나이에 0살이 없듯이 0이 없는 것이 또 있습니다. 건물에도 0이 없지요. 지하 2층, 지하 1층, 다음에 0층이 아니라 지상 1층, 지상 2층이 됩니다.

미국이나 우리 나라에는 건물에 0층이 없지만 영국에는 0층이 있습니다. 영국의 0층은 우리 나라나 미국의 1층에 해당하는 셈이죠.

12. 21세기의 시작

21세기의 시작은 언제부터일까요?

우리는 대부분 21세기가 2000년부터 시작되는 것으로 알고 있습니다. 세계적으로도 많은 논쟁을 거친 끝에 2000년부터 21세기가 시작되는 것으로 하자는 합의를 이끌어 냈지요. 그래서 나라마다 2000년의 시작에 맞추어 대대적인 축제 행사를 기획하고 있습니다.

그러나 엄밀히 말해서 21세기는 2001년부터 시작되는 것입니다. 왜 저는 이렇게 세계적인 합의와는 다른 주장을 하는 것일까요?

수학적으로 따져 볼 때 21세기의 시작은 2000년이 아니라 2001년입니다. 왜냐하면 우리 나라의 건물이나 나이처럼 세기의 연도에는 0년이 없기 때문이죠. …… 기원전 2년, 기원전 1년, 다음에 0년이 아니라 기원후 1년, 기원후 2년 ……, 이런 식으로 헤아려 간다는 것입니다.

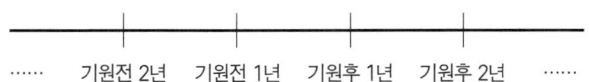

…… 기원전 2년   기원전 1년   기원후 1년   기원후 2년   ……

기원전과 기원후를 구분하는 기준은 예수의 탄생입니다. 그런데 그때 달력을 만들었던 디오니우스 엑시구스라는 수도사는 우리 나라 나이처럼 예수가 탄생한 해를 1년으로 정했습니다. 그리고 한 세기는 100년이므로 21세기의 시작은 2001년이 되는 것입니다.

1세기 → 1년 ~ 100년

2세기 → 101년 ~ 200년

3세기 → 201년 ~ 300년

....

20세기 → 1901년 ~ 2000년

21세기 → 2001년 ~ 2100년

그러나 여러분 가운데도 21세기의 시작이 2000년이 아니라 2001년이라는 사실에 고개를 갸우뚱하는 사람이 많을 것입니다. 21세기의 시작은 2001년이 아니라 2000년이어야 한다고 생각하는 사람들이 아주 많이 있으니까요. 그래서 21세기의 시작을 2000년 1월 1일로 정하게 된 것이지요.

$\sum\limits^{n}$ 13. 생활 속에 숨어 있는 수 이야기

일상 생활 속에서 주고받는 말 가운데 수에 관한 것들이 숨어 있는 경우가 많습니다. 대부분은 그냥 무심코 쓰는 것들이지요. 지금부터는 우리들의 생활 속에 숨겨진 수에 관한 이야기를 하겠습니다.

■ 순식과 찰나

"워낙 순식간에 일어난 일이라."

어떤 회사의 음료 광고에 나오는 말입니다. 이 광고 문구는 그 해의 유행어가 되기도 하였지요.

그런데 여기서 주목할 것이 '순식' 이라는 말입니다. 순식은 극히 짧

은 시간을 나타내는 말이죠. 또 극히 짧은 시간을 나타내는 말로는 '찰나'도 있습니다.

대체 '순식'과 '찰나'라는 말은 정확히 얼마만큼의 짧은 시간을 나타내는 말일까요?

?÷+해설

좀 낯설긴 해도 순식과 찰나는 우리가 쓰는 일, 십, 백, 천, 만 …… 처럼 수의 명칭 가운데 하나입니다.

그러면 수의 명칭들을 나열해 볼게요.

조(10^{12})	억(10^{8})	만(10^{4})	천(10^{3})	백(10^{2})	십(10^{1})	일(1)
兆	億	万	千	百	十	一
분(10^{-1})	리(10^{-2})	모(10^{-3})	사(10^{-4})	홀(10^{-5})	미(10^{-6})	섬(10^{-7})
分	厘	毛	絲	忽	微	纖
사(10^{-8})	진(10^{-9})	애(10^{-10})	묘(10^{-11})	막(10^{-12})	모호(10^{-13})	준순(10^{-14})
沙	塵	埃	渺	漠	模糊	浚巡
수유(10^{-15})	순식(10^{-16})	탄지(10^{-17})	찰나(10^{-18})	육덕(10^{-19})	허공(10^{-20})	청정(10^{-21})
須臾	瞬息	彈指	刹那	六德	虛空	淸淨

이것들은 본래 중국과 인도 등에서 쓰였던 수의 단위입니다. 수의 명칭들 가운데 순식과 찰나를 찾았나요?

순식간(瞬息間)이라는 시간은 한자 그대로 '눈 깜짝할 사이'를 말합니다. 찰나(刹那)도 마찬가지로 순간(瞬間)의 시간을 말하며, 눈을 한 번 움직이는 동안의 극히 짧은 시간을 나타냅니다.

눈을 한 번 깜짝거려 보세요. 얼마나 짧은 시간인지 아시겠지요?

■ 외상은 왜 긋는다고 할까?

우리는 "외상을 긋는다"는 말을 씁니다. "외상을 장부에 적어 놓으세요"라고 표현해야 하는 것인데도 왜 외상을 긋는다고 하는 걸까요?

"외상을 긋는다"는 말도 수와 무관하지 않습니다. 만약 여러분이 친구들에게 외상을 주었을 때 공책이나 연필 같은 도구가 없다면 어떤 방법으로 표시를 하겠어요? 쉬운 방법으로 돌멩이 등을 가지고 나무나 땅에 표시를 해 두겠죠. 나무 등에 눈금을 그어 놓으면 나중에 외상값이 얼마나 있는지 쉽게 알 수 있으니까요.

종이나 연필이 귀했고 수를 몰랐던 옛날 사람들은 그러한 방법을 통하여 외상을 기록했습니다. "외상을 긋는다"는 말은 바로 여기서 비롯된 것이지요.

■ ~부 이자

여러분은 "3부 이자를 줄 테니까 돈 좀 빌려 주세요"라고 하는 말을 들은 적이 있을 겁니다. '3부 이자'라는 말은 뭘까요? 대체 얼마만큼의 이자를 뜻하는 것일까요?

'부'는 '푼'이라고 쓰는 것이 옳습니다. 그러나 보통은 '부'라는 말을 널리 쓰고 있지요. '푼'은 본래 옛날 엽전의 단위인데, 전체 수량을 100 등분한 것의 비율을 나타냅니다. 그러므로 1%에 해당하는 것이지요. 1부는 10%인 1할의 10분의 1이고, 0.1%인 1리의 10배랍니다. 1부가 1%이므로 3부라면 3%를 뜻하는 것이겠죠.

만약 100만 원을 1년 동안 월 1부 이자로 빌렸다면 1년 동안 얼마의 이자를 지급해야 할까요?

이자를 계산하는 방법은 다음과 같습니다.

※ 이자 = 원금 × 이율 × 기간

이 공식에 대입하면 쉽게 이자 금액을 구할 수 있겠지요.

$$x = 1,000,000원 \times \frac{1}{100} \times 12$$

이자 원금 이율(1%) 기간(1년)

$$x = 120,000원$$

즉 1년 동안 12만 원의 이자를 지급하면 되는 것입니다.

■ 방어율

여러분은 야구를 좋아하시나요? 4·5·정도 야구를 아주 좋아한답니다. 야구 경기를 보면 투수의 방어율 그리고 타자의 타율이 나오지요. 어떤 타자의 타율이 3할 2푼 2리, 어떤 투수의 방어율이 3.78이라는 식으로 말입니다.

예전에 국보급 투수 선동렬의 방어율이 0점대인 적이 있어 매스컴의 주목을 받은 일도 있었습니다. 타율에 대하여는 초등학교 5학년 때 배웁니다. 여기서는 방어율을 어떻게 계산하는지에 관하여 알아보도록 하겠습니다.

? ÷ + **—해설**

야구 경기는 1회부터 9회까지 진행됩니다. 방어율이란 투수가 한 시합, 즉 9회를 던졌을 때 몇 점의 자책점을 허용했느냐를 따지는 비율이라고 할 수 있습니다. 만약에 투수가 한 경기에서 3점을 내주었으면 자책점은 3.0이 됩니다. 그런데 투수는 한 경기에 3회를 던질 수도 있고 한 타자만 상대할 수도 있지요.

투수가 20회를 던져 5점의 자책점을 허용했다면 이 투수의 방어율은 얼마나 될까요? 이 실적의 방어율을 알려면 9회를 던졌을 때 몇 점의 자책점을 허용한 것인가로 바꾸어 보면 됩니다.

$$20 : 5 = 9 : x \rightarrow 9 \times 5 = x \times 20 \rightarrow x = 2.25$$

이 투수의 방어율은 2.25가 되는 것입니다.

한 가지 덧붙이자면 자책점이란 투수 자신의 책임으로 상대방에게 허용한 점수를 말합니다. 만약 야수들의 실책으로 점수를 허용했다면 이

점수는 투수 자신이 책임질 점수가 아닙니다. 다시 말해 투수의 자책점이 아니란 이야기지요.

이런 경우도 있습니다. 주자가 3루일 때 구원 투수로 나와 1루타를 허용해 3루 주자가 홈인을 했다고 합시다. 이때 내준 점수도 구원 투수의 자책점은 아닙니다. 왜냐하면 3루까지 나간 주자는 구원 투수가 던져 내보낸 것이 아니기 때문이죠.

자책점을 어떻게 계산하는지에 대하여 여러분이 많은 궁금증을 가지고 있겠지만 여기서는 이것으로 줄이도록 하겠습니다.

■ 네 자리 번호

이삿짐 센터의 전화 번호 가운데 상당수는 2424(이사이사)로 되어 있습니다. 중고품 가게는 4989(사구팔구)인 경우가 많고요.

여러분 언니 오빠의 삐삐에 1004(천사)라는 번호가 찍힌다면 '애인한테 삐삐가 왔구나' 하고 의심해 볼 만합니다. 빨리 연락을 달라는 8282(빨리빨리)도 우리가 종종 사용하는 번호입니다.

그런데 왜 다들 네 자릿수뿐일까요? 여러분 집의 전화 번호, 자동차

차 번호 그리고 은행 통장의 비밀 번호도 네 자리입니다. 또 우편 번호는 세 자릿수로 되어 있고요.

왜 모든 번호의 수는 네 자리를 넘지 않는 것일까요?

만약 여러분의 집 전화 번호가 47815-48957이라고 가정해 봅시다. 이 전화 번호를 한번 머리 속에 기억해 보세요. 친구가 "너희 집 전화 번호는 몇 번이냐?"고 물어 보았을 때 여러분은 "사칠팔일오에 사팔구오칠이야"라고 대답해야겠지요. 그러나 전화 번호가 5자리가 되면 대답하기가 좀 어색하다는 것을 바로 느낄 수 있을 것입니다.

보통 네 자릿수를 넘어가면 번호를 한 번 보고 기억하기가 어렵다고 합니다. 4781원은 금방 사천 칠백 팔십 일원이라고 이야기할 수 있지만 47815원은 한 번 보고 금방 이야기하기 어려운 것처럼 말입니다. 그래서 우리가 일상 생활에서 사용하는 수는 대개 네 자리를 넘지 않는 것이랍니다.

14. 숫자에 얽힌 이야기

■ 마라톤의 거리는 왜 42.195km일까?

기원전 490년께 그리스와 페르시아가 전쟁을 벌였을 때 그리스가 승리한 사실을 알리기 위해 필립테스라는 군인이 전쟁터에서 아테네까지 한 번도 쉬지 않고 달려가 승리를 알리고 죽은 데서 마라톤이 유래했다고 알려져 있습니다. 그리고 그때 그리스 병사가 달려온 거리가 42.195km라고 흔히 알고 있지요. 그러나 실제로 그 거리는 36.75km였답니다.

마라톤의 거리가 42.195km로 정해진 것은 1908년 제4회 런던 올림픽 때부터입니다. 그때 마라톤 코스가 윈저 궁전에서 올림픽 스타디움까지였는데 그 거리가 42.195km였던 것이죠. 그런데 왜 40km나 45km 등 알기 쉬운 숫자로 정하지 않았을까요?

그것은 원래 정해진 출발점에서 윈저 궁전까지 조금 거리를 늘렸기 때문입니다. 왜냐하면 궁전의 귀족들이 출발하는 선수들의 모습을 보고 싶어했기 때문이죠.

■ 12라는 숫자

우리는 12라는 숫자를 자주 접합니다. 시계의 숫자도 1부터 12까지로 되어 있고 연필 1다스도 12개지요. 또 절에 가 보면 12지신상을 모시고 있습니다.

이렇게 12라는 숫자가 동서양을 막론하고 신성시되어 온 이유는 1년이 12달로 되어 있는 것과 밀접한 관련이 있습니다. 12가 모여 하루가 되고(옛날 사람들은 하루를 12로 나누어 계산했답니다), 12달이 모여 1년이 된다는 사실을 고대 사람들도 이미 알고 있었기 때문에 12라는 숫자를 신성시한 것이죠.

■ 13일의 금요일

'13일의 금요일'이란 제목의 공포 영화가 생겼을 정도로 외국 사람들은 13이라는 숫자를 아주 싫어하지요. 예수를 적의 손에 넘긴 유다는 최후의 만찬 때 13번째 손님이었고, 13일의 금요일은 로마의 정치가이며 장군이었던 카이사르가 부하한테 암살당한 날이기도 합니다.

■ 샤넬 넘버 5

세계적인 향수 가운데 '샤넬 넘버 5'라는 것이 있습니다. 이 향수는 세계적인 디자이너 샤넬이 1921년에 만든 것이지요.

여기에서 주목할 것은 5라는 숫자입니다. 이것은 샤넬이 5번째로 만들어 낸 향수였기 때문에 붙여진 숫자가 아니라 당시 조향사가 제시한 5가지 향수 가운데 샤넬이 마지막 것을 선택하여 붙여진 숫자입니다. 샤넬 또한 5를 행운의 숫자로 여겨 왔고요.

■ 108 번뇌

불교에서는 108 번뇌라는 말이 있습니다. 그래서 제야의 종소리도 108번 울려 퍼지는 것이고요. 그런데 왜 108이라는 숫자가 번뇌를 대표하게 되었을까요?

여러 가지 학설이 있지만 가장 대표적인 것은 사람의 6가지 감각 기관에 관한 것입니다. 사람의 눈·코·귀·입·몸·생각이 색(色)·소리

(聲) · 향(香) · 맛(味) · 촉(觸) · 법(法)이라는 6가지 대상을 파악할 때, 좋아하고(好) 미워하고(惡) 또는 좋아하고 미워함의 중간(平) 이렇게 세 가지로 나타나는데 이것을 모두 더하면 18이 된다고 합니다.(6×3=18) 그리고 이들 각각은 깨끗함(淨)과 그렇지 아니한 경우(染)로 나누어 36이 되고(18×2=36), 다시 과거 · 현재 · 미래 세 가지 경우를 생각하여 108이라는 숫자가 나온 것입니다.(36×3=108)

    6×3×2×3=108

15. 컴퓨터와 전자 계산기의 언어

오늘날 컴퓨터와 전자 계산기는 실생활에서 없어서는 안 될 필수품이 되었습니다.

컴퓨터는 예, 아니오라는 두 가지 언어만을 선택합니다. '그럴 것도 같고 그렇지 않을 것도 같다'는 말은 통하지 않지요. 그래서 컴퓨터를 사용할 때면 가끔 불편한 점도 있습니다. 명령을 내릴 때 조금이라도 틀리면 컴퓨터는 그 명령을 실행하지 않으니까요.

대체 컴퓨터의 언어에는 어떠한 비밀이 숨어 있는 걸까요?

?÷+ 해설

컴퓨터의 언어는 이진법입니다. 예, 아니오 이렇게 두 가지 언어를 선택하고 있으니까요. 십진법이 0부터 9까지 있는 것과는 달리 이진법은 0과 1이라는 두 숫자로만 표현할 수 있습니다.

그렇다면 컴퓨터는 5를 어떻게 표현할까요?

먼저 211을 십진법으로 풀어 써 볼까요?

$$2 \times 10^2 + 1 \times 10^1 + 1 \times 10^0$$

뒤에서부터 첫째 자리는 10^0, 둘째 자리는 10^1, 셋째 자리는 10^2으로 표현하고 있지요.

이와 마찬가지로 이진법은 뒤에서부터 첫째 자리는 2^0, 둘째 자리는 2^1, 셋째 자리는 2^2으로 표현하면 됩니다.

그러므로 5를 이진법으로 풀어 써 보면 $1 \times 2^2 + 0 \times 2^1 + 1 \times 2^0 = 5$입니다. 따라서 5를 이진법으로 나타내면 101이 되는 것이죠.

8을 이진법으로 나타내 보세요.

답은 1000입니다.$(1\times2^3+0\times2^2+0\times2^1+0\times2^0)$

우리가 5+8의 계산 문제를 컴퓨터에 명령하면 컴퓨터는 101+1000으로 인식하고 계산하여 다시 십진법으로 고쳐서 화면에 나타내는 것입니다.

십진법 → 5 + 8 = 13

이진법 → 101 + 1000 = 1101

전자 계산기도 컴퓨터와 마찬가지로 이진법을 쓰고 있답니다.

■ 진법

고대로부터 손가락과 발가락을 이용하여 수를 셈해 왔다는 것은 앞에서도 설명하였습니다. 우리가 몇진법을 사용하고 있는가는 이렇듯 사람의 손가락 수와 발가락 수가 몇 개인지와 깊은 관련이 있습니다.

아라비아 숫자, 고대 로마 숫자, 그리스 숫자 등이 10진법을 사용하고 있는데 이는 사람의 양손 손가락의 수가 10개이기 때문이죠. 또한 양손의 손가락 수 10개와 양발의 발가락 수 10개를 이용하여 셈을 하는 경우도 있었는데 이로 인해 손가락 수 10개와 발가락 수 10개를 합하여 20진법이 탄생하게 됩니다. 마야 숫자가 그 대표적인 경우이죠.

그렇다면 영국의 야드 · 파운드 법에서 썼던 12진법은 어떻게 해서 생겨난 것일까요?

손가락은 수를 셈하기가 편하지만 발가락은 폈다 접었다를 하기가 불편합니다. 그래서 한쪽 발 발가락 다섯 개를 하나로 셈하여 12진법이 탄생한 것이죠. 다시 말해 손가락 수 10개와 양쪽 발가락 하나씩을 합하여 셈을 하기 시작한 것입니다.

$\sum_{n}$ 🐱 16. 『걸리버 여행기』 속의 수학

여러분이 재미있게 읽은 동화책 가운데 『걸리버 여행기』가 있습니다. 이 『걸리버 여행기』의 내용 중에는 많은 숫자들이 등장하지요.

걸리버가 소인국에 갔을 때 소인국 사람들은 1,728명 분의 식사를 걸리버에게 대접하였고, 이를 위해 300명의 요리사가 음식을 만들었습니다. 또 걸리버의 옷을 만들기 위해 300명의 재봉사가 동원되었지요.

그런데 1,728명 분의 식사나 300명의 요리사, 300명의 재봉사는 어떠한 근거에 따라 정해진 것일까요?

?÷=+해설

위의 숫자들은 작가가 펜이 가는 대로 적어 놓은 것이 아니라 정확한 계산에 의하여 만들어진 것입니다.

이 숫자들의 비밀을 풀기 위해서는 먼저 소인국 사람들과 걸리버의 크기를 비교해 보아야겠죠.

책을 읽다 보면 아시겠지만 걸리버는 소인국 사람들보다 12배가 크다고 했습니다. 그러면 12명 분의 식사를 대접하면 될 것 같은데 왜 1,728명 분의 식사를 대접했을까요?

걸리버가 소인국 사람들보다 키가 12배 크다는 것은 다시 말해 부피가 1,728배(12×12×12)된다는 것입니다.

※ 직육면체의 부피 = 가로의 길이 × 세로의 길이 × 높이

어떤 정육면체의 한 변의 길이를 각각 2배로 하면 부피는 2×2×2배, 즉 8배가 된다.

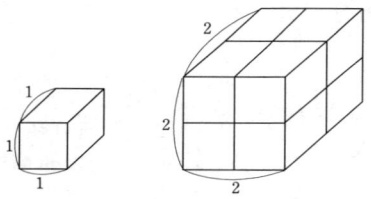

그러니까 한 명의 요리사가 한 번에 6명의 식사를 만들 수 있다고 가정할 때 적어도 300명의 요리사가 필요하겠죠. 또한 걸리버의 옷을 만들기 위해서는 소인국 사람들보다 144배 큰 옷을 만들어야 합니다. 걸리버가 소인국 사람들보다 12배 크다는 것은 표면적이 12×12배, 즉 144배라는 이야기니까요.

※ 직사각형의 면적 = 가로의 길이 × 세로의 길이

어떤 정사각형의 한 변의 길이를 각각 2배로 하면 면적은 2×2배, 즉 4배가 된다.

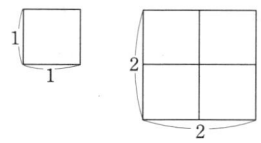

그러므로 한 명의 재봉사가 옷 한 벌을 만드는 데 2일이 걸린다고 가정하면, 걸리버의 옷을 하루에 만들기 위해서는 적어도 300명의 재봉사가 필요합니다.

그 밖에도 이 책에 나오는 다른 숫자들이나 사물의 크기도 다 이러한 계산을 통하여 쓰여진 것입니다. 거인국 사람들은 걸리버보다 12배 크므로 거인국에서의 사과 크기라든가 반지 크기, 책 크기 등도 다 이러한 계산에 따라 나온 것이지요.

※ 『걸리버 여행기』에서 소인국 사람들이나 거인국 사람들의 키가 걸리버보다 12배 작거나 12배 크다고 되어 있는 것은 옛날 영국에서 12진법을 사용했기 때문이다.

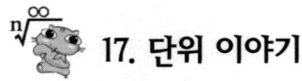

17. 단위 이야기

우리는 생활 속에서 교과서에 나오는 단위 말고도 다양한 단위들을 사용하고 있습니다. '인치'라는 단위도 그 가운데 하나지요.

우리는 옷의 치수를 말할 때 32인치, 30인치 등으로 표현합니다. 인치라는 단위는 서양에서 사용되었으며, 1인치는 약 2.54cm를 말합니다. 이것은 어른 한 사람의 엄지손가락 굵기 정도지요.

그럼 교과서에 나오지 않는 단위 가운데 알아 두면 좋을 것들을 살펴봅시다.

① 길이의 단위

광년 – 공상 과학 만화 등을 읽게 되면 흔히 접하는 단위가 광년입니다. 1광년이란 빛이 1년 걸려서 나아가는 거리를 말합니다.

빛이 1초에 가는 거리는 약 30만km, 1년은 31,536,000초{365(1년)×24(1일)×60(1시간)×60(1분)}이므로 1광년은 $300,000 \times 31,536,000 = 9,460,800,000,000km$라는 어마어마한 길이가 됩니다.

해리 – 넓은 바다를 항해하는 선박이나 하늘을 나는 비행기는 땅 위에서처럼 산이나 강 또는 거리를 나타내는 표시가 없기 때문에 지도의 위도, 경도에 따라 방향과 거리를 계산합니다. 이때 해리라는 단위를 사용하지요. 1해리는 지구 위선 1분의 길이를 말하는 것이죠. 지구 자오선의 길이는 약 40,000km이므로 1해리는 약 1,852m가 됩니다.

※ 1회전각은 360°이므로 분으로 고치면 $360 \times 60 = 21,600$(분)

1해리 = 지구 위선 1분의 길이 = $40,000 \div 21,600$ = 약 1,851.85m

자와 치 – 여러분은 "한 치 앞도 못 보는 사람" 또는 "내 코가 석 자다" 라는 속담을 들어 보셨을 것입니다. 여기서 '치'나 '자'라는 단위는 얼마를 나타내는 것일까요?

자의 단위는 지역마다 시대에 따라 그 크기가 달랐지만, 현재 1자의 크기는 30.303cm로 정해져 있습니다. 그리고 치는 자의 $\frac{1}{10}$이므로 한 치는 약 3cm를 나타내는 것입니다.

문헌에 보면 사람의 키가 몇 척이라는 말을 사용하는데 이때 척이라는 단위는 자와 같은 크기를 말합니다.

리 – "10리도 못 가서 발병 난다"는 말이 있죠. 여기서 1리는 약 393m를 말합니다. 그러므로 10리라고 하면 3km 930m를 말하는 것이 되겠지요.

현미경의 단위들 – 현미경은 작은 것을 크게 확대하여 보는 기구입니다. 그러므로 현미경에서 사용되는 단위들은 cm, mm보다 훨씬 작은 것을 나타내지요

그럼 현미경에서 사용하는 단위들을 살펴보도록 하겠습니다.

㉠ 미크론(μ) – 미터의 100만분의 1 길이입니다. 생물의 세포나 미생물의 크기 등을 표시하는 데 쓰는 단위이죠.

㉡ 밀리미크론(mμ) – 미크론의 1000분의 1 길이이며 전자 현미경에서 쓰는 단위입니다.

㉢ 옹스트롬(Å) – 밀리미크론의 10분의 1 길이이며 미터의 100억 분의 1 길이입니다. 이 단위의 이름은 스웨덴의 물리학자 옹스트롬의 이름을 딴 것입니다.

인치 · 피트 · 야드 - 1인치는 약 2.54㎝, 1피트는 12인치로 30.48㎝, 1야드는 3피트로 91.44㎝를 말합니다.

인치라는 단어는 옛날 로마인들이 엄지손가락의 가장 넓은 폭을 '언치아'라고 부른 데서 유래된 것이며, 1피트는 발 하나의 길이를 말합니다. 이 단위들은 야드 파운드법의 단위들이고요.

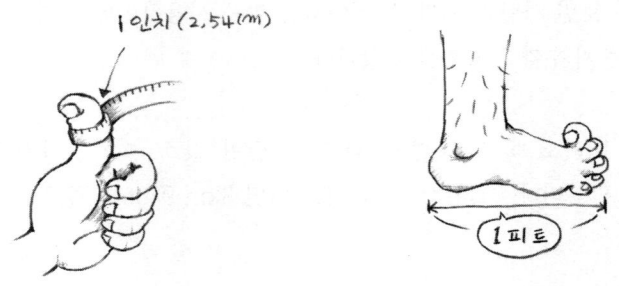

마일 - 마일도 야드 파운드법의 길이 단위로, 1마일은 약 1690m입니다.

말과 길 - "열 길 물 속은 알아도 한 길 사람 속은 모른다"는 속담이 있습니다. 여기서 한 길이란 사람의 머리끝에서 발끝까지의 길이를 말합니다. 또 어른들이 천 등을 살 때 발이란 단위를 쓰는데 한 발이란 두 팔을 펴서 벌린 길이를 말합니다.

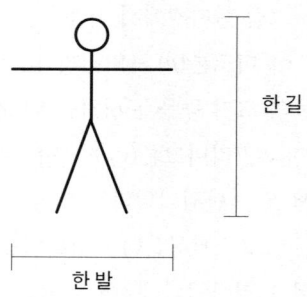

단위	크기(1m를 기준으로 해서)
광년	9,460,800,000,000,000
해리	1,852
리	3,930
마일	1,690
미터	1(기준)
야드	0.91
피트	0.3
자	0.3
치	0.03
인치	0.25
미크론(μ)	0.000001 ($\frac{1}{1,000,000}$)
밀리미크론(mμ)	0.000000001 ($\frac{1}{1,000,000,000}$)
옹스트롬(Å)	0.0000000001 ($\frac{1}{10,000,000,000}$)

② 넓이의 단위

평 – 지금도 땅의 넓이를 말할 때 몇 평이라는 말을 많이 사용합니다. 1평은 3.3058㎡를 말합니다.

마지기 – 마지기는 논밭 넓이의 단위로, 한 말의 씨앗을 뿌릴 만한 넓이를 1마지기라고 합니다. 마지기는 논과 밭에 따라 또 지역에 따라 달라지는데 보통 논은 150~300평, 밭은 100평 내외를 말합니다.

③ 무게의 단위

캐럿(car)- 진주나 다이아몬드를 살 때 우리는 몇 g이라고 하지 않고 몇 캐럿(car)으로 이야기합니다. 캐럿은 진주나 다이아몬드 같은 보석류에만 사용하는 단위이고 1캐럿은 200mg을 나타냅니다.

근, 돈, 관 - 정육점에 가면 쇠고기 몇 근이라는 말을 흔히 듣습니다. 금을 살 때는 몇 돈이라고 하고, 옛날 사람들은 엽전의 무게를 말할 때 몇 관이라는 표현을 썼습니다.
각각의 단위를 미터법으로 표기하면 1근은 600g, 1돈은 3.75g, 1관은 3750g을 나타내는 것입니다.

파운드, 온스 - 파운드, 온스는 야드 파운드법의 무게 단위로, 1파운드는 453.592g이고 1온스는 $\frac{1}{16}$ 파운드로 28.3495g(귀금속 및 약품 계량용 온스는 $\frac{1}{12}$ 파운드, 즉 31.103g)을 나타냅니다.

단위	크기(1g을 기준으로 해서)
관	3,750
근	600
파운드	453.592
온스	28.3495
돈	3.75
그램(g)	1(기준)
캐럿	0.02

④ 속도의 단위

노트 – 일반적으로 선박의 속도를 나타낼 때는 시속 몇 km라고 하지 않고 몇 노트라고 이야기합니다. 1노트란 선박이 1시간에 1해리를 나아가는 속력을 말합니다. 1해리는 앞에서 보았듯 1,852m이므로 1노트는 시속 1,852m를 말합니다.

 1해리＝1,852m 　　　 1노트＝시속 1,852m

마하 – 제트기나 탄환의 속도는 워낙 빠르기 때문에 마하라는 단위를 사용합니다. 마하 1은 음속의 1배를 말하는데 보통 초속 340m가 됩니다.

⑤ 부피의 단위

홉·되·말 – 우리 속담 중에는 "되로 주고 말로 받는다"는 말이 있습니다. 이러한 속담 이외에도 우리 주위에서는 쌀 한 되, 콩 한 말 등 부피를 나타낼 때 되, 말이라는 단위를 흔히 사용합니다.

 또한 지금도 시골에 가면 2홉, 4홉 등 소주의 크기를 나타낼 때 홉이라는 단위를 쓰기도 하지요. 홉은 되의 $\frac{1}{10}$, 되는 말의 $\frac{1}{10}$을 나타냅니다.

 1홉의 크기가 180.39cm^{3}이므로 1되는 1,803.9cm^3, 1말은 18,039cm^{3}을 나타냅니다.

18. 원기둥

여러분이 즐겨 마시는 캔 음료수의 모양을 잘 관찰해 보세요. 어떤 모양인가요?

여러분은 교과서에서 이런 모양을 한 입체 도형을 원기둥이라고 배웠을 것입니다. 그러면 원기둥으로 되어 있는 제품에는 또 무엇이 있을까요? 컵과 냄비 등도 이러한 원기둥 모양을 하고 있죠.

그런데 왜 이러한 제품들은 원기둥으로 만드는 것일까요? 삼각기둥이나 사각기둥 등 다른 입체 도형으로 만들 법도 한데 말이죠.

? 해설

이 의문점은 여러분도 쉽게 풀 수 있을 것입니다. 왜냐하면 앞에서 꿀벌의 집에 관한 내용 가운데 삼각형이나 사각형보다 육각형의 집이 더 많은 용량의 꿀을 저장할 수 있다는 것을 이미 배웠기 때문이죠.

꿀벌의 집과 마찬가지로 같은 크기의 도화지로 삼각기둥, 사각기둥, 원기둥을 만들었을 때 다른 입체 도형보다 원기둥에 더 많은 용량의 물을 채울 수 있답니다. 캔 음료수가 원기둥을 하고 있는 이유도 가장 많은 음료수를 채울 수 있기 때문입니다.

그러면 물컵이 원기둥인 이유에 대하여 알아 볼까요?

먼저 삼각형을 평탄한 지면에 세워 보세요. 지면에 닿는 부분이 넓지요. 사각형은 어떤가요? 사각형도 마찬가지로 지면에 닿는 부분이 넓다는 것을 금방 알 수 있을 것입니다.

그러면 원은 어떨까요?

원은 지면에 어떻게 놓더라도 하나의 점에서 만나고 있습니다. 그만큼 지면에 닿는 부분이 적다는 이야기입니다.

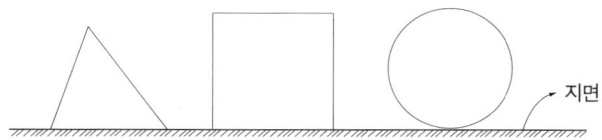

이것은 무엇을 뜻할까요?

여러분이 직접 삼각기둥이나 사각기둥으로 된 컵에 물을 담아 마셔 보세요. 어때요? 불편하지요. 그런데 원기둥의 컵에 물을 채워 마셔 보면 어느 방향으로 물을 마시더라도 별로 불편하지 않습니다. 지면에 닿는 부분이 다른 입체 도형보다 작기 때문입니다.

다시 말해 여러분이 컵 속의 물을 마실 때 어느 방향으로 물을 떨어드리더라도 물줄기가 작아야 쉽게 마실 수 있는데 원기둥은 이러한 욕구를 충족시켜 주고 있는 것입니다.

이제 냄비가 원기둥으로 되어 있는 이유도 알아 보아야겠지요. 삼각형, 사각형, 원의 중점에서 변과 원주에 이르는 거리를 재 보세요.

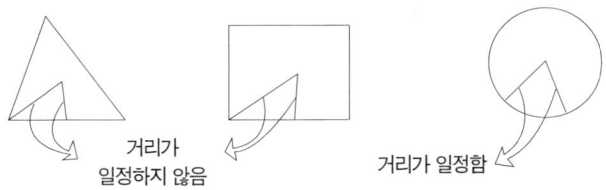

거리가
일정하지 않음

거리가 일정함

　삼각형과 사각형은 변에 이르는 거리가 일정하지 않지만, 원은 중점에서 원주까지의 거리가 어느 방향이든지 항상 일정합니다.

　만약 여러분이 삼각형이나 사각형의 중점에서 불을 지핀다고 가정하면 에너지가 변에 도달하는 거리가 일정하지 않지만, 원의 중점에서 불을 지피면 에너지가 원주까지 도달하는 거리가 일정하다는 이야기가 됩니다. 냄비가 원기둥을 하고 있는 이유는 여기에 있지요. 냄비의 중점에서 불을 지필 때 각 면에 에너지가 도달하는 거리가 일정해야만 음식물을 골고루 끓일 수 있는데 그러기 위해서는 다른 입체 도형보다 원기둥이 가장 적합하기 때문이랍니다.

19. 정다면체

여러분도 어렸을 때 장난감을 가지고 놀았을 것입니다. 그런데 장난감 가운데는 여러 가지 입체 도형을 연결시켜 기차도 만들고 자동차도 만들고 여러 가지 동물들도 만들 수 있는 제품이 있지요.

이 입체 도형들의 모양을 자세히 살펴보면 정육면체, 직육면체, 사면체 등 여러 가지 다면체를 볼 수 있습니다.

그 중 정다면체를 찾아보세요. 정다면체란 모든 면의 크기가 같은 정다각형이고, 각 꼭지점에 모이는 면의 수가 같은 입체 도형을 말합니다. 만약에 정사면체라면 각 면의 크기, 즉 4개의 정삼각형이 크기가 같고

또 각 꼭지점에 모이는 면의 수가 3개씩 똑같은 사면체를 말하는 것이지요.

그렇다면 정다면체는 몇 개나 만들 수 있을까요?

우리는 정다면체를 수없이 만들 수 있을 것이라고 생각합니다. 정삼각형 4개로는 정사면체를, 정삼각형 5개로는 정오면체를, 정사각형 6개로는 정육면체를, 정사각형 7개로는 정칠면체를 ……. 이런 식으로 만들어 간다면 수많은 정다면체를 만들 수 있다고 말입니다.

그러면 직접 정다면체를 만들어 보도록 하겠습니다. 도화지를 오려 정삼각형을 여러 개 만든 뒤 그것들을 붙여 다면체를 만들어 보세요. 정삼각형 1개, 2개, 3개로는 다면체를 만들 수 없다는 것을 여러분은 실험을 통하여 금방 알게 될 것입니다.

그러면 정삼각형 4개로 만들어 보세요. 다음 그림과 같은 정사면체가 만들어지지요.

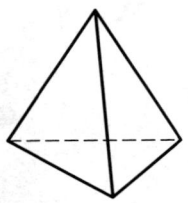

그렇다면 정삼각형 5개로는 정오면체가 만들어질까요? 실험을 해 보면 정오면체가 만들어지지 않는다는 것을 알 수 있습니다.

이런 식으로 계속 실험을 해 보면 정삼각형으로 만들 수 있는 다면체는 정사면체, 정팔면체, 정이십면체 세가지뿐임을 알 수 있답니다.

　그리고 정사각형으로 만들 수 있는 다면체는 정육면체 한 가지뿐입니다. 또 정오각형으로 만들 수 있는 다면체는 정십이면체 하나뿐이고요. 그 밖의 어떤 도형을 오려 붙여도 정다면체는 만들 수 없답니다.

　결론적으로 정다면체는 정사면체, 정육면체, 정팔면체, 정십이면체, 정이십면체 이렇게 5개뿐입니다.

정다면체

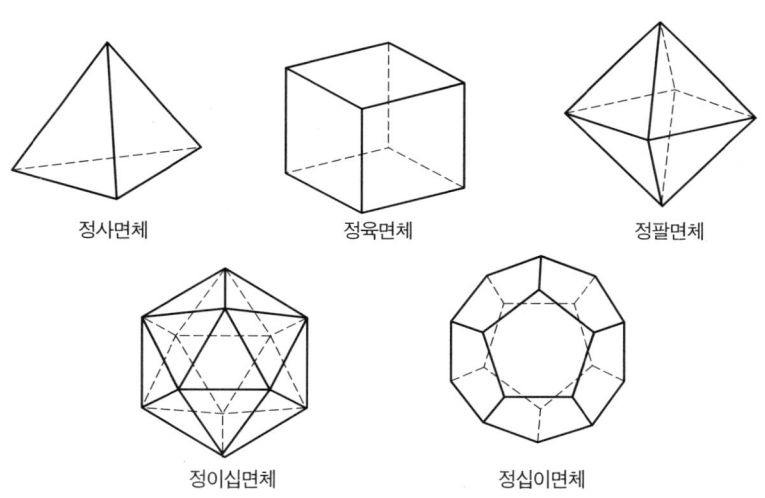

정사면체　　　　　　정육면체　　　　　　정팔면체

정이십면체　　　　　　정십이면체

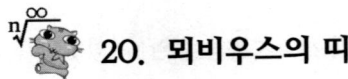 **20. 뫼비우스의 띠**

방앗간에 가 보면 곳곳에 많은 띠들이 길게 걸려 있고, 전기를 넣으면 띠가 돌아가면서 기계를 돌리게 되어 있습니다. 그런데 이 띠들을 자세히 관찰해 보면 다음과 같이 어느 부분에선가 한 번 꼬여 있는 것을 발견할 수 있습니다.

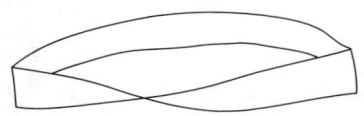

방앗간에서 쓰는 띠들은 왜 이러한 모양을 하고 있는 것일까요?

?÷±해설

도화지를 가지고 긴 직사각형을 만든 뒤 양끝을 풀로 붙여 보세요.

〈그림 가〉

이번에는 도화지를 가지고 긴 직사각형을 만든 뒤 한쪽 끝을 한 번 꼬아서 양끝을 풀로 붙여 보세요.

〈그림 나〉

　여러분이 〈그림 가〉와 〈그림 나〉의 도형 각각 앞면과 뒷면에다 다른 색연필로 칠해 보세요.

　자, 어떠한 현상이 일어났지요?

　〈그림 가〉 도형은 앞면과 뒷면을 각각 다른 색연필로 칠할 수 있지만, 〈그림 나〉 도형은 앞면과 뒷면을 각각 다른 색연필로 칠할 수 없지요? 다시 말해 〈그림 나〉 도형의 앞면을 빨간색 연필로 칠해 가면 띠 전체 면이 빨간색으로 칠해집니다.

　〈그림 나〉 도형처럼 앞면과 뒷면을 구별할 수 없는 띠를 뫼비우스의 띠라고 합니다. 방앗간의 띠들도 이러한 뫼비우스의 띠 모양을 하고 있는 것이지요. 그것은 띠의 한쪽 면만 기계에 닿는 것보다 띠 전체의 면이 기계에 닿는 것이 띠의 수명을 오래 지속시키기 때문입니다.

　이번에는 〈그림 나〉 도형, 즉 뫼비우스의 띠에서 가운데를 그림과 같이 잘라 보세요.

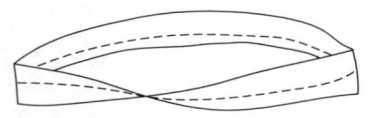

　　그러면 띠가 두 개로 나누어질 것이라고 생각하겠지만 실제로는 띠가 두 개로 나누어지지 않고 하나로 연결되어 있습니다. 각자 집에서 한번 해 보세요.

※ 뫼비우스(1790~1868) : 독일의 천문학자이자 수학자

6장 수학자 이야기

이 장은 수학자들의 전기를 다루고 있습니다. 앞으로 소개할 여덟 명의 인물 가운데 탈레스와 아르키메데스는 그리스 시대의 수학자이고 나머지는 근대 이후의 수학자들입니다. 이미 앞에서 한 번쯤은 만났던 수학자들이니까 그렇게 낯설지는 않을 거예요. 그리고 딱딱한 연구 이론보다는 일화에 초점을 맞추어 썼으니까 동화책을 보는 마음으로 편안하게 읽어 보세요.

누가 어떤 분야의 이론을 이루어 냈는지, 또 그것을 이루기 위해 어떠한 노력을 했는지 알게 된다면 수학이 더 이상 딱딱하게만 느껴지지는 않을 거예요.

수학 공부를 할 때 아하, 이 공식은 누가 만든 것이로구나, 하고 알 수 있다면 다른 친구들보다 몇 배는 더 재미있게 공부할 수 있을 거예요.

$\sum_{}^{n}$ 1. 탈레스(기원전 624~546)

기하학이 처음 싹튼 곳은 이집트지만, 더욱 발전해서 꽃을 피운 곳은 그리스였습니다. 그리스인들은 이집트를 통해 알게 된 단편적 지식들을 학문으로 발전시켰죠. 그 출발점이 그리스의 수학자 탈레스였습니다.

탈레스는 기원전 624년 그리스 이오니아의 밀레토스 지방에서 태어났어요. 그는 젊었을 때 여러 나라를 돌아다니면서 물건을 팔았는데, 상인이라는 이 직업이 그가 위대한 수학자가 되는 데 밑거름이 되었지요.

여러 나라의 다양한 문물을 배울 수 있었으니까요. 특히 이집트에서 그는 기하학에 대한 많은 지식을 얻을 수 있었습니다.

이집트에서 많은 지식을 배우고 돌아온 탈레스는 그때까지 단편적이기만 했던 지식들을 연구와 증명을 통해 체계화했습니다. 그 가운데는 도형의 성질에 대한 것도 있었습니다.

1. 두 직선이 만나서 이루는 맞꼭지각의 크기는 같다.

2. 이등변 삼각형의 두 밑각의 크기는 같다.

3. 원은 지름에 의해서 이등분된다.

4. 한 변의 길이와 그 양끝의 각의 크기가 같을 때 이 두 삼각형은 합동이다.

5. 한 각과 그것을 낀 두 변이 같은 두 삼각형은 서로 합동이다.

6. 원주 위의 한 점과 지름의 양 끝점을 잇는 직선으로 이루어지는 각은 직각이다.

탈레스가 발견한 도형의 성질

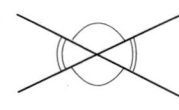
두 직선이 만나서 이루는 맞꼭지각의 크기는 같다

이등변 삼각형의 두 밑각의 크기는 같다.

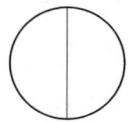
원은 지름에 의해서 이등분된다.

한 변의 길이와 그 양끝의 각의 크기가 같을 때 이 두 삼각형은 합동이다.

원주 위의 한 점과 지름의 양 끝점을 잇는 직선으로 이루어지는 각은 직각이다.

탈레스의 수학자로서의 기질은 피라미드의 높이를 지팡이 하나로 계산했다는 유명한 일화를 통해서도 충분히 짐작할 수 있습니다.

그는 수학자였을 뿐만 아니라 천문학자이기도 했지요. 어느 날 탈레스는 천체 관찰에 너무 열중한 나머지 별을 보며 길을 가다가 웅덩이에 빠진 적도 있었답니다.

탈레스의 천문학 연구 가운데 유명한 것은 일식을 예언한 것이었습니다. 그해 그리스는 내전으로 인해 혼란한 상황이었어요. 이때 탈레스는 달 때문에 태양이 보이지 않는 일식 현상을 정확히 예견하였으며, 사람들은 이 현상을 신의 노여움이라 생각하고 전쟁을 중지하였다고 합니다.

한 가지 일에 몰두하면 웅덩이에 빠져도 모를 만큼 정신을 집중했던 탈레스. 그가 더욱 존경스러운 건 이룩한 업적 때문이 아니라 그 업적을 이루기까지 노력했던 그 모습들 때문이 아닐까요?

2. 아르키메데스(기원전 287~212)

기원전 212년께 로마 군대는 이탈리아를 지나 시라쿠사 섬으로 진격했고, 수적 우위에 있던 로마군은 시라쿠사 섬을 함락시키기에 이르렀습니다. 이때 한 로마 병사가 어느 집에 쳐들어갔는데 그 집에서는 한 노인이 모래땅에다 원을 그려 놓고 무언가를 골똘히 생각하고 있었습니다.

　병사가 원을 밟고 지나가려 하자 노인은 큰 소리로

　"그 원을 밟지 말아라!"

고 호통을 쳤습니다. 화가 난 병사는 노인을 창으로 찔러 죽이고 말았답니다.

이 노인이 바로 위대한 수학자 아르키메데스였지요. 로마 장군 마루켈루스가 시라쿠사 섬을 공격할 때

"아르키메데스는 죽이지 말라."

고 했지만 이 로마 병사는 아르키메데스가 누군지 몰랐기 때문에 엄청난 실수를 저지르고 말았습니다.

원을 너무 사랑했고 그 원 때문에 죽게 된 아르키메데스를 위해 마루켈루스는 그의 유언대로 위와 같은 그림을 묘에 새겨 주고 그의 죽음을 애도했다고 합니다.

아르키메데스는 기원전 287년께 이탈리아 반도 건너편에 있는 시칠리아의 시라쿠사 섬에서 천문학자인 페이디아스의 아들로 태어났으며, 헤론 왕의 혈연이었다고 합니다. 그는 이집트로 유학을 떠나 알렉산드리아 대학에서 공부했고 고향에 돌아와서도 평생 교육과 연구에 전념했지요.

그때 시라쿠사의 헤론 왕은 아르키메데스를 총애하여 여러 가지 연구를 적극적으로 도와 주었답니다. 아르키메데스의 일화 가운데 유명한 것은 헤론 왕의 왕관에 얽힌 이야기입니다.

헤론 왕은 대장장이에게 순금으로 된 왕관을 만들게 하였는데 이 왕관이 순금이 아니라는 소문이 나돌았지요. 그래서 왕은 아르키메데스에게 그 진실을 확인하게 하였습니다.

아르키메데스는 여러 날을 고민했지만 감정을 해낼 수가 없었답니다. 왜냐하면 쪼개어 연구를 할 수도 없었고 자칫 잘못하여 왕관에 흠집이라도 나면 큰일이니까요.

그러던 어느 날 아르키메데스는 목욕을 하기 위해 욕조에 들어갔습니다. 그런데 물 속에서 몸이 가벼워지는 것을 느끼게 되었습니다. 이 아주 사소한 일에서 아르키메데스는 '액체나 기체 속에 있는 물체는 그 물체가 밀어낸 액체나 기체의 무게만큼의 부력(浮力)을 받는다'는 원리를 발견했던 것입니다.

해결 방법을 알아낸 아르키메데스는 너무 기쁜 나머지 옷도 입지 않은 채 "유레카(알았다)! 유레카(알았다)!" 하고 외치며 밖으로 달려 나갔다고 합니다. 그리고는 왕관에 은이 섞여 있다는 사실을 밝혀 냈지요. 물론, 아무런 흠집도 없이 말예요.

또한 아르키메데스는 커다란 배를 활차(도르래)를 이용하여 혼자 힘으로 움직이기도 해 사람들을 놀라게 했고, "지구를 충분히 들어 올릴 만한 긴 막대기와 지탱할 곳을 나에게 달라. 그러면 지구도 움직일 수 있다"는 말을 남기기도 했습니다.

그뿐인가요? 로마군의 시라쿠사 섬 1차 공격 때 아르키메데스는 투석기를 발명하여 로마군의 진격을 막았지요. 그래서 로마 장군 마루켈루스는 그를 100개의 눈을 가진 거인 '브리아레오스'라고 말할 정도로 두려워했답니다.

아르키메데스가 수학사에 남긴 업적은 원과 구에 관한 것들이었습니다. 원주율 계산, 원의 면적, 구의 표면적, 구의 체적에 관한 연구 등이 바로 그의 대표적인 업적입니다.

역사상 가장 위대한 수학자 세 사람을 말해 보라고 한다면 우리는 주저 없이 뉴턴, 가우스와 함께 아르키메데스를 꼽을 것입니다. 그만큼 그가 이룩해 놓은 업적이 실로 놀랍기 때문이죠.

그의 죽음은 너무나도 어처구니없는 일이었지만, 그의 이름은 영원히 빛날 것입니다.

3. 데카르트(1596~1650)

우리는 기하학, 즉 도형을 다루는 학문과 수를 다루는 학문(대수)을 따로따로 배웁니다. 그렇다면 '기하와 대수를 하나로 통일시킬 수는 없을까?' 하는 의문이 생기겠죠? 이 문제를 해결할 수 있다면 그것은 엄청난 발견이 될 것입니다. 왜냐하면 기하학에서 다루어지는 직선, 원, 포물선도 숫자나 기호 또는 문자로 쉽게 나타낼 수 있기 때문이지요. 이러한 학문, 즉 기하와 대수를 하나로 묶는 학문을 '해석 기하학' 이라 하는데, 이 해석 기하학을 발견한 사람이 프랑스의 수학자 데카르트입니다.

데카르트는 '근대 수학의 아버지' 라 불리기도 하지요. 그가 발견한 해석 기하학은 탈레스나 피타고라스, 아르키메데스가 활약했던 그리스 시대 이후 더디게 진행되었던 수학을 진일보시킨 엄청난 사건이었습니다.

데카르트는 1596년 3월 31일 프랑스의 소귀족 집안에서 태어났습니다. 데카르트는 태어났을 때부터 몸이 허약했으며 그 때문에 학교도 다른 아이들보다 늦게 들어갔다고 합니다. 한편 그를 귀엽게 여긴 교장 선생님은 데카르트에게 아침 늦게까지 침대에 마음껏 누워 있어도 된다는 특별한 허락을 해주었습니다. 이 특별한 허락은 데카르트가 철학자와 수학자로서 명성을 날리게 한 원동력이 되었답니다. 왜냐하면 그 시간에 데카르트는 명상을 즐겼고 이 명상 시간은 중요한 발견을 이루어 내는 데 소중한 역할을 했으니까요. 해석 기하학의 기초인 좌표 평면도 아침의 명상 속에서 발견한 것입니다.

군인으로 복무할 때 데카르트는 아침 햇살을 받으며 침대에 누워 명상에 젖어 있었는데, 파리 한 마리가 천장에서 이리저리 움직이는 것 아니겠어요? 이 파리의 움직임을 보면서 데카르트는 해석 기하학의 기초인 좌표 평면을 생각해 냈답니다.

그는 1617~1621년까지 군대에서 복무하였고 그 뒤 5년 동안 독일, 이탈리아, 네덜란드 등을 여행하였으며, 1629년부터는 네덜란드에 머물면서 많은 책을 썼습니다. 이때 쓰여진 저서들이 데카르트를 명성 있는 수학자로 만들었지요. 데카르트는 수학자였을 뿐 아니라 철학자였으며 생리학자이기도 했습니다. "나는 생각한다. 그러므로 나는 존재한다."는 유명한 말을 남기기도 했고요.

1650년 2월 위대한 수학자이며 철학자이고 생리학자였던 데카르트는 스웨덴의 스톡홀름에서 폐에 염증이 생겨 54세를 일기로 생을 마감하게 됩니다. 세계의 큰 별이 떨어진 것이죠.

그는 파리의 움직임을 보고 평면 좌표를 생각해 냈습니다. 진리는 언제나 일상 생활 속에 있다는 것을 여러분도 잊지 마세요.

$\sum_{}^{n}$ 4. 파스칼(1623~1662)

"인간은 생각하는 갈대이다", "클레오파트라의 코가 1cm만 낮았어도 세계의 역사는 달라졌을 것이다."

이 유명한 말들은 파스칼이 쓴 『팡세』에 담겨진 것들입니다. 그는 『팡세(명상록)』, 『시골 사람에게 부친 편지』 같은 명작을 통해 잘 알려져 있지만, 수학의 발전에서도 빼놓을 수 없는 공로자였답니다.

그는 이미 12세 때 삼각형 내각 크기의 합이 $180°$라는 것을 누구의 도움도 받지 않고 발견하였으며, 16세 때는 원뿔 곡선에 대한 세계적인 논문을 발표하기도 하였습니다. 또 18세 때는 톱니바퀴를 이용한 세계 최초의 계산기를 발명했고, 23세 때는 공기의 중첩에 관한 여러 현상을 증명하였지요. 그러나 무엇보다도 파스칼이 수학사에 남긴 가장 위대한 업적은 확률론의 기초를 다진 것입니다.

파스칼은 1623년 6월 19일 프랑스의 클레르몽에서 태어났습니다. 아

버지는 지방 판사였고 어머니는 그가 네 살 때 돌아가셨으며 누나와 여동생이 있었지요.

파스칼은 몸이 허약했습니다. 아버지가 파스칼이 어렸을 때 고전 교육을 너무 쉽게 받아들이는 것을 보고 건강을 해칠까 봐 수학 공부를 못 하게 할 정도였으니까요. 그러나 아버지가 그러면 그럴수록 파스칼은 오히려 수학에 더욱 호기심을 갖게 되었습니다.

열두 살이 되던 해에 그는 아버지에게 "기하학이란 어떠한 학문이지요?" 하고 물어 보아 아버지를 당황하게 만든 적이 있었습니다.

이때 아버지는 "기하학이란 도형 상호간의 관계를 연구하는 학문이다"라고 간단히 설명해 주었고, 파스칼의 건강을 생각하여 더 이상 수학에 관한 질문을 못 하게 하였습니다.

그러나 파스칼은 스스로 연구하여 삼각형의 내각의 합이 $180°$라는 것을 발견하였으며, 결국 아버지도 파스칼의 천재성에 탄복하여 그의 학문 활동을 적극 지원해 주었습니다. 아들의 한결같은 열정에 아버지가 무릎을 꿇은 것이지요.

파스칼은 17세 이후부터 죽을 때까지 격렬한 소화 불량과 만성 불면증에 시달려야 했습니다. 종교에도 심취하였으며 건강이 악화된 말년에는 수도원에서 요양 생활을 하며 연구를 계속했습니다.

비록 39세라는 짧은 생을 살다 갔지만 파스칼의 삼각형, 사이클로이드에 관한 연구, 확률론, 원뿔 곡선에 관한 연구 등 수학적 업적을 남겼을 뿐만 아니라 수압에 대한 '파스칼의 원리'를 발견해 내기도 했습니다.

만약 그의 몸이 건강하여 오래오래 살았었다면 우리의 수학은 지금보다 더 발전하지 않았을까요?

5. 뉴턴(1642~1727)

"나는 진리라는 큰 바닷가에서 모래를 줍고 있는 어린아이에 지나지 않는다."

이 말은 뉴턴이 자기 자신을 평가한 말입니다. 그러나 그 스스로의 평가와는 달리 후세 사람들은 그를 인류 최고의 지성으로 꼽기를 주저하지 않습니다.

뉴턴은 1642년 크리스마스날 영국 린컨셔 주 울즈소프라는 작은 마을에서 태어났습니다. 그가 태어난 1642년은 세계적인 물리학자 갈릴레이가 세상을 떠난 해이기도 하지요.

뉴턴은 미숙아로 태어났습니다. 출생 뒤 1개월 동안은 긴 베개를 사용하여 목을 받쳐야 할 정도로 몸이 허약했다고 합니다. 후에 뉴턴의 어머니는 그가 갓 태어났을 때 1쿼어트(1.14 l)들이 병에 들어갈 정도였다고 농담처럼 말하곤 했다니 얼마나 작고 허약한 아이였는지 짐작할 수 있겠지요.

뉴턴의 아버지는 그가 태어나기 3개월 전에 사망했으며 어머니는 뉴턴이 두 살이 되기 전에 재혼했습니다. 뉴턴은 결국 어린 시절을 할머니 품에서 보내야 했답니다.

뉴턴은 몸이 약했기 때문에 친구들과 뛰어놀기보다 혼자서 명상하고 여러 가지 놀이 기구를 만들면서 노는 것을 좋아했습니다. 이때부터 그의 천재성이 나타났는데 어느 날 밤에는 초롱불이 달린 연을 날려 동네 사람들을 놀라게 하였고 기둥 시계, 제분 시계, 물레방아 같은 기구를 만들며 놀기도 했습니다.

하지만 학교 성적은 좋지 않았어요. 어떤 사건으로 인해 반에서 1등을 차지하기 전까지는요. 뉴턴의 성적을 바꾸어 놓은 사건은 중학교 2

학년 때 일어났습니다. 골목 대장한테 바보 취급을 당하다 하루는 배를 걷어차였는데 그때 심한 정신적 고통을 받게 되었던 것입니다.

　얼마 지나지 않아 뉴턴은 선생님께 격려를 받게 되었고 자신에게 정신적 고통을 주었던 골목 대장과 다시 싸움을 해 결국 이겼답니다. 물론 공부도 열심히 한 건 당연한 일이었지요.

　중학교를 졸업하고 뉴턴은 케임브리지 대학에 입학합니다. 1664년 영국에 대역병이 퍼지고 그로 말미암아 2년 동안 대학이 문을 닫게 되자 그는 고향 울즈소프로 돌아왔습니다. 이 2년은 뉴턴에게 가장 중요한 시기였습니다. 왜냐하면 뉴턴의 3대 발견, 즉 빛의 분석, 만유 인력의 법칙, 미적분학의 기초가 이 시기에 다져졌기 때문이지요.

　나무에서 사과가 떨어지는 것을 보고 만유 인력의 원리를 깨달았다는 것도 바로 이때였습니다. 그의 나이 23세 때의 일이지요. 대학으로 다시

돌아온 뉴턴은 26세 때 대학의 교수가 되었습니다.

1686년 드디어 그의 최고 걸작 『프린시피아(자연 철학의 수학적 원리)』가 완성됩니다. 사과가 나무에서 떨어지는 것을 보고 만유 인력의 법칙을 발견한 지 20년 만의 일이지요.

이 책의 내용을 살펴보면

1부 운동 법칙(관성의 법칙), 작용 반작용의 법칙

2부 여러 종류의 운동에 관한 연구

3부 만유 인력에 관한 연구

로 되어 있으며 미적분 등을 이용하여 이 법칙들을 증명하고 있습니다.

『프린시피아』를 완성하기까지 2년 동안 뉴턴은 몇 시간밖에 잠을 자지 않고 심지어 식사하는 것까지 잊어버리고 책 쓰기에 열중했다고 합니다. 말년에는 그의 전공인 천문학, 물리학, 수학과는 좀 동떨어진 일에 몰두하기도 했습니다.

1969년 54세의 뉴턴은 조폐국의 감독관이 되었고 그 뒤 장관자리에까지 올랐으며 국회 의원과 왕립 협회 회장을 지내기도 했습니다.

생명은 유한하기 때문에 더 가치가 있는 것이지요. 결국 그도 1727년 3월 20일 85세를 일기로 세상을 떠났습니다.

그가 남긴 수학적 공헌은 역시 미적분학에 있습니다. 그러나 독일의 라이프니츠와 미적분학의 공로를 나누어 가져야만 했지요. 후세에는 라이프니츠와 뉴턴이 각각 독립적으로 미적분학을 발전시켰다고 알려졌지만 당시에는 서로 우선권을 다투느라 혈안이 되어 있었습니다.

이 우선권 다툼은 그 뒤 1세기 동안 계속 이어집니다.

6. 라이프니츠(1646~1716)

미적분학은 앞에서 보았듯 거의 같은 시기에 태어난 영국의 뉴턴과 독일의 라이프니츠에 의해 발전되었습니다. 이 두 사람의 미적분학은 연구 영역에서 차이를 보이며 독립적으로 발전했는데 뉴턴이 과학적 사고에 미적분을 이용한 반면, 라이프니츠는 철학적인 부문을 그 밑바탕에 두고 있습니다.

라이프니츠는 뉴턴보다 4년 늦은 1646년 7월 1일 독일의 라이프치히에서 태어났습니다. 그의 아버지는 괴팅엔 대학의 윤리학 교수였지만 라이프니츠가 여섯 살 때 사망했기 때문에 그는 어머니와 함께 살았습니다.

어릴 때부터 독서를 좋아했던 라이프니츠는 아버지의 서재에 있던 책을 읽으면서 자라게 되는데 이미 8세 때 라틴어, 12세 때는 그리스어를 혼자 힘으로 공부하였습니다.

15세 때 라이프니츠는 라이프치히 대학에 입학하여 법률학을 전공하였습니다. 그러니까 그의 출발은 수학이 아니라 법학이었죠. 대학에 들어간 라이프니츠는 전공 외에도 많은 분야의 책들을 읽었는데 특히 철학에 많은 관심을 기울였습니다.

20세 때인 1666년엔 알트도로프 종합 대학의 학위를 받았고 교수직을 요청받았으나 이를 거절하였습니다.

그의 인생에 하나의 중요한 계기가 찾아왔는데 그것은 다름아닌 정치와의 인연이었습니다. 처음 정치와 인연을 맺게 된 것은 그의 전공인 법학 때문이었지요. 법률 교수법에 관한 논문이 정치가들의 눈에 띄어 법률 재편찬 사업을 맡게 된 것이었습니다.

26세 되던 해부터는 외교관 일을 하게 되었는데 1672년에는 파리, 그리고 이듬해엔 런던과 파리에 머물렀습니다. 이 기간 동안 그는 여러 나라의 유명한 과학자들을 만나게 되었습니다. 특히 호이겐스(네덜란드 태생의 물리학자이자 천문학자)와의 만남은 특별했죠.

호이겐스는 그가 연구를 하는 데 많은 도움을 주었을 뿐만 아니라 수학 공부에 더욱더 전념할 수 있도록 격려를 아끼지 않았습니다. 이 시기부터 라이프니츠는 전공인 법학보다 수학에 더 매력을 느끼게 되었고 수학 연구에 열정을 쏟았습니다.

이때 프랑스와 영국의 수학 수준은 라이프니츠가 활동했던 독일보다 앞서 있었습니다. 영국엔 뉴턴이 있었고 프랑스에는 근대 수학의 아버지인 데카르트에서 시작하여 페르마, 파스칼 등의 수학자들이 끊임없이 연구 성과를 발표하고 있었으니까요.

1677년 7월 11일 드디어 그가 연구한『미적분학의 기본 정리』가 출판되었습니다. 뉴턴이 처음 미적분의 원리를 발견한 지 11년 뒤의 일이었지만, 뉴턴의 미적분 연구 성과가 최초로 발표된『프린시피아』보다는 10년이나 빠른 발표였지요.

1676년부터 라이프니츠는 하노버 가(家)의 족보를 연구하기 시작하였는데 이 작업은 그가 죽을 때까지 이어졌습니다. 물론, 다방면의 학문 연구 활동은 꾸준히 하면서 말이죠. 하지만 그 일은 라이프니츠의 천재성에 비하면 터무니

없는 일이었습니다.

라이프니츠의 주인격인 게오르그는 영국으로 가 최초의 독일인 국왕이 되었습니다. 그런데도 그는 영국으로 가지 못했습니다. 왜냐하면 영국과 독일을 비롯한 대륙에서 뉴턴과의 미적분 우선권 다툼이 있었기 때문이었습니다. 어처구니없는 일이었죠.

그의 말년은 불행했습니다. 반평생 동안 봉사한 왕후 일가에서 평균적인 보수를 받으며 죽음을 기다릴 뿐이었죠. 1716년 11월 4일 그는 뉴턴보다 11년 먼저 세상을 떠나게 됩니다. 뉴턴이 영국 국민들의 사랑을 받으며 웨스트민스터 교회에 안장되었던 것과는 달리 그의 장례식에는 비서 한 사람만 참석했을 뿐이지요.

라이프니츠가 미적분에 가장 크게 공헌한 부분은 기호입니다. 우리가 현재 쓰는 미적분 기호의 상당 부분은 라이프니츠가 만든 것입니다. 라이프니츠의 미적분이 유럽 대륙에서 더욱 인정받게 된 것도 뉴턴보다는 훨씬 더 간편한 기호들을 사용하고 있었기 때문이죠.

라이프니츠는 팔방 미인이었습니다. 철학과 수학 외에도 정치학, 신학, 물리학, 경제학, 언어학 등 여러 분야의 학문에 관심을 가졌고 연구 성과도 이루어 내었습니다. 만약 그러한 천재성으로 한 가지 일에만 평생 매달렸다면 그의 인생은 좀더 평화로웠을까요?

7. 오일러(1707~1783)

오일러가 28세이던 1735년, 그는 다른 수학자들이 몇 개월에 걸쳐 풀 문제를 단 3일 만에 풀었습니다. 그러나 문제 푸는 데 너무나 많은 신경을 쏟았기 때문에 오른쪽 눈의 시력을 잃어버리고 말았지요. 그 후 31년 뒤인 1766년 왼쪽 눈마저 시력을 잃어 오일러는 완전히 맹인이 되었답니다. 그렇지만 그는 학문 연구를 멈추지 않았습니다. 아니, 이전보다 더 많은 연구 논문을 발표했지요.

맹인 수학자 오일러는 1707년 4월 15일 스위스의 바젤에서 태어났습니다. 그의 아버지는 목사였는데 자신 또한 뛰어난 수학자였기 때문에 오일러가 어렸을 때 직접 학문을 가르치기도 했으며, 자신의 뒤를 잇게 하기 위해 바젤 대학에 입학시켜 신학과 철학을 배우도록 했습니다.

바젤 대학에는 당시 수학으로 명성이 높았던 다니엘 베르누이와 니콜라우스 베르누이 형제가 있었지요. 그들과의 만남은 자연스럽게 수학 공부에 몰두할 수 있는 계기가 되었습니다.

대학을 졸업한 오일러는 베르누이 형제가 먼저 몸담고 있던 러시아의 아카데미에 초청되어 그곳에서 많은 연구 활동을 하였고, 33세 때인 1733년에는 수학부의 중요한 위치까지 오르게 됩니다. 또 이 기간 동안 결혼을 하여 자식을 13명이나 낳았으며(이 가운데 다섯 명만 남고 모두 요절하였다) 앞에서 말했듯 오른쪽 눈을 실명하였지요.

1741년 오일러는 프러시아 프리드리히 대왕의 부름으로 베를린 아카데미에 초청되어 20여 년 동안 그곳에서 연구 활동을 하였고, 1762년 다시 러시아로 와 연구 활동을 이어갔습니다.

1783년 76세였던 오일러는 천왕성 궤도의 계산 문제에 관하여 제자와 이야기하던 중 갑자기 졸도하여 세상을 떠났습니다. 그가 남긴 마지막 말은 "나는 죽는다"라는 한마디였다고 하는군요.

오일러의 암기 능력은 탁월했습니다. 장님이 되고 난 뒤 17년 동안 왕성한 연구 활동을 할 수 있었던 것도 뛰어난 암기력 때문이었습니다. 청년 시절에 읽었던 책을 나이가 훨씬 들어서도 몇 쪽에 무엇이 쓰여 있는지 완벽하게 알고 있었다고 합니다. 당시까지 나와 있던 수학의 모든 공식을 머리 속에 정확히 기억한 것은 물론이었지요.

오일러가 남긴 연구 논문의 양은 참으로 방대했습니다. 그렇기 때문에 오일러가 죽은 뒤 바로 전집이 간행되지는 못했지요. 막대한 자금이 필요했으니까요. 오일러가 죽은 지 100년이 훨씬 지난 1909년에 이르러서야 스위스 정부는 전 세계적인 기부금을 모아 오일러 전집 45권을 간행하게 됩니다. 한평생 한 권의 책도 못 쓰고 가는 사람도 많은데 45권의 책을 썼다니 정말 놀랍지 않나요?

8. 가우스(1777~1855)

1786년 독일 브라운 슈바이크의 한 초등학교에서 선생님이 산수 시간에 좀 쉴 생각으로 1부터 100까지를 모두 더해 보라는 문제를 학생들에게 내었습니다. 아이들이 이 문제를 푸는 데 한 시간은 족히 걸릴 것이라고 생각한 것이지요.

그런데 얼마 지나지 않아 한 학생이 벌떡 일어나 선생님께 답을 제출했습니다. 산수 시간이 다 끝날 때쯤 다른 학생들도 차례로 답을 냈지요. 그런데 학생들이 낸 답을 본 선생님은 깜짝 놀라지 않을 수 없었습니다.

왜냐하면 제일 먼저 답을 제출한 학생의 답만 정답이었고 1시간이 지난 뒤에야 제출한 다른 학생들의 답은 모두 틀렸기 때문이지요.

이 학생은 다음과 같은 방법으로 문제를 풀었던 것입니다.

문제) $1+2+3+4 \cdots 97+98+99+100$

위 문제에서 앞의 숫자와 뒤의 숫자를 짝지어 합하면 모두 101이 된다.

$(1+100)+(2+99)+(3+98)+\cdots(50+51) \rightarrow 101+101+101+\cdots+101$

이때 합해진 101이 모두 50개 있으므로 답은 101×50, 즉 5050이 된다.

$101 \times 50 = 5050$

이 학생이 바로 19세기를 대표하는 최대의 수학자 가우스였습니다. 위의 문제를 눈깜짝할 사이에 푼 것은 불과 10세 때의 일이었습니다.

가우스는 1777년 4월 30일 독일의 브라운 슈바이크에서 태어났습니다. 아버지는 벽돌 만드는 기술자였는데 성격이 고지식하고 난폭했다고 전해집니다. 반면 어머니는 가우스가 평생 자랑거리로 삼을 만큼 자상하셨지요.

가우스가 세 살 때 일이었습니다. 아버지가 직원들의 월급 계산을 다 끝냈을 때 옆에 있던 가우스가 "아버지, 답이 틀렸어요, 이 답이 맞아요"라고 말하는 것이었습니다.

아버지는 아들의 말을 듣고 다시 계산을 했죠. 뜻밖에도 세 살 짜리 아들의 말이 맞는 게 아닙니까?

가우스는 이렇게 어렸을 때부터 천재성을 나타냈습니다.

뒷날 그는 "나는 말을 시작하기 전부터 이미 계산하는 법을 알고 있었다"고 농담처럼 말하곤 했답니다.

가우스는 14세 때 그의 재능을 아낀 한 선생님의 추천으로 브라운 슈바이크의 군주 빌헬름 페르디난트공을 만나게 되었습니다. 페르디난트공은 어린 그에게 매료되어 공이 죽을 때까지 가우스의 연구 활동을 지

원하게 됩니다.

고등학교에 입학하게 된 것도 페르디난트공이 학비를 지원해 준 덕분이었습니다. 아버지는 가우스를 고등학교에 보내기를 망설였는데 어머니의 도움과 페르디난트공의 학비 지원으로 어렵게 공부를 계속할 수가 있었습니다.

고등학교 시절 가우스는 수학에 관한 한 이 학교 어느 선생님보다도 앞서 있었습니다. 이때 이미 그의 최대 업적인 『정수론』을 연구하기 시작할 정도였으니까요.

1795년 가우스는 괴팅엔 대학에 입학하는데 이때 그는 언어학을 전공할 것인지 수학을 전공할 것인지를 놓고 고민에 빠져 있었습니다. 하지만 '정17각형을 자와 컴퍼스만으로 작도하는 법'을 발견하고 난 뒤 그는 수학을 선택하기로 결정합니다.

유클리드 시대 이래로 자와 컴퍼스만으로 작도할 수 있는 것은 정3각형, 정4각형, 정5각형, 정15각형 그리고 이들 도형의 각 변을 모두 2배, 4배 …… 등 짝수배 한 것뿐이라고 알려져 왔지만, 가우스는 정17각형도 자와 컴퍼스만으로 작도할 수 있다는 것을 발견한 것입니다.

대학을 졸업하고도 몇 년 동안 그는 페르디난트공의 후원으로 자유롭게 연구 활동을 계속할 수 있었는데, 든든한 후원인인 페르디난트공이 나폴레옹 군대와의 전투에서 져 옥사를 치른 뒤 죽자 그는 가족들을 부양하기 위해(가우스는 1805년 10월 결혼하였다) 괴팅엔 대학의 교수직과 함께 천문대장 일을 하게 되었습니다.

가우스가 천문대장이 됐다는 것에 좀 의아해 할지 모르지만 이미 가우스는 24세 때 소행성 케레스의 궤도를 정확히 찾아낸 적이 있었습니다. 지금은 태양계에 소행성의 군이 존재한다는 것을 다 알고 있지만 그때는 태양계에 수성, 금성, 지구, 화성, 목성, 토성, 천왕성 이렇게 7개

행성 이외에 새로운 행성이 존재한다는 것을 몰랐지요. 그런데 1801년 1월 1일 화성과 목성 사이에 자그만 행성이 있다는 것을 구세페 리안히라는 사람이 발견하였고 그 행성을 케레스라 이름지었습니다. 세계 최초로 소행성을 발견한 것이지요.

그러나 이 소행성은 41일 만에 자취를 감추었는데 가우스는 이 소행성의 궤도를 계산하여 이듬해 10월 다시 나타난다는 것을 정확히 알아내 사람들을 깜짝 놀라게 했답니다.

1855년 2월 23일 가우스는 78세를 일기로 세상을 떠났습니다. 그는 브라운 슈바이크에 안장되었는데, 묘비에는 그의 유언대로 정17각형이 새겨졌고 국왕은 여기에 더해 '수학자의 원수(元首)'라는 말을 새겨 넣었습니다.

가우스가 연구한 분야는 수학의 전 영역을 포함하고 있습니다. 그런데 연구 논문을 발표하는 데는 인색했지요. 그것은 다른 사람들이 아무런 반론 없이 받아들일 수 있을 정도로 완벽하게 논문을 만들기 위해서였습니다. 또한 다른 사람이 가우스가 연구한 이론과 비슷한 이론을 연구하거나 발표할 경우 가우스는 아무도 발표하지 않을 때를 선택하여 논문을 발표하기도 했습니다. 그래서 가우스가 생전에 발표한 논문은 그가 연구했던 것의 일부분에 지나지 않았습니다.

그런데 가우스가 죽은 지 반세기가 지난 뒤에 그가 쓴 일기장이 발견되었습니다. 일기장에는 그가 연구했던 내용이 자세히 기록되어 있었지요. 훗날 가우스의 전집이 발간된 것도 이 일기장 덕택이었습니다. 사람들은 이 일기장이 일찍 발견되었더라면 수학의 발전을 반세기는 앞당길 수 있었을 것이라고 이야기할 정도였지요. 그러니 가우스의 연구 업적이 얼마나 위대한 것이었는지 짐작할 수 있겠지요.

지은이 **방승희** 선생님은 1969년 충청남도 천안에서 태어났습니다.
대학을 졸업한 뒤 신문사와 제약회사에 근무하던 중, 수학 공부를 통한 사고력 훈련이 사회 생활에
꼭 필요하다는 것을 뼈저리게 체험하고 수학 연구에 매달리게 되었습니다.
선생님이 쓰신 책으로는 초등학교 5학년부터 중학교 2학년까지 과정을 다룬 『4·5·정의 수학나
라』가 있습니다. 그리고 중학생부터 고등학교 저학년을 위한 『저·8·계의 수학나라』와 입시 공부
에 시달리는 고등학생을 위한 『손오공의 수학나라』가 있습니다. 수학을 수학답게, 재미있게, 친절
하게 소개해 주는 선생님의 책들은 알면 알수록 재미있는 수학의 참맛을 느끼게 하여 수학 공부에
재미를 붙일 수 있도록 여러분을 도와줄 것입니다.

청소년의 책 디딤돌 25

4·5·정의 수학나라

ⓒ 방승희, 1999

초판 1쇄 펴낸날 │ 1999년 11월 15일
 2판 1쇄 펴낸날 │ 2000년 2월 10일
 3판 1쇄 펴낸날 │ 2002년 7월 10일
 3판 18쇄 펴낸날 │ 2017년 4월 25일

지은이 │ 방승희
그린이 │ 강효숙
펴낸이 │ 이건복
펴낸곳 │ 도서출판 동녘

전무 │ 정낙윤
주간 │ 곽종구
편집 │ 구형민 최미혜 이환희 사공영 김은우
미술 │ 조하늘
영업 │ 김진규 조현수
관리 │ 서숙희 장하나

인쇄 │ 영신사 제본 │ 영신사 라미네이팅 │ 북웨어 종이 │ 한서지업사

주소 │ (10881) 경기도 파주시 회동길 77-26
등록 │ 제 311-1980-01호 1980년 3월 25일
전화 │ 영업 031-955-3000, 편집 031-955-3005 전송 │ 031-955-3009
홈페이지 │ www.dongnyok.com 전자우편 │ editor@dongnyok.com

ISBN 978-89-7297-525-0 03410

* 잘못된 책은 바꿔 드립니다.